Der Original 100jährige Kalender

Der Original 100jährige Kalender

nach Abt Dr. Mauritius Knauer

Herausgegeben von Almut Gaugler
und Burkhard Brehm

IRISIANA

IRISIANA

Eine Buchreihe herausgegeben von
Margit und Rüdiger Dahlke

Die Deutsche Bibliothek – CIP-Einheitsaufnahme
Knauer, Mauritius:
Der original 100jährige Kalender / nach Mauritius Knauer. Hrsg.
von Almut Gaugler und Burkhard Brehm. – 7. Aufl. – München:
Hugendubel, 1997 (Irisiana)
Einheitssacht.: Calendarium oeconomicum practicum perpetuum <dt.>
ISBN 3-88034-853-7
NE.: Gaugler, Almut [Hrsg.]

7. Auflage 1997
Ungekürzte Lizenzausgabe für
Heinrich Hugendubel Verlag GmbH, München, 1995

Umschlaggestaltung: Zembsch' Werkstatt, München
Layout: Burkhard Brehm
Satz: Typomedia Satztechnik GmbH, Scharnhausen
Reproduktionen: Friedrich Beck, Stuttgart
Druck und Bindung: Franz Spiegel Buch GmbH, Ulm
Printed in Germany

ISBN 3-88034-853-7

Inhalt

Wie der hundertjährige Kalender entstanden ist

Der berühmte hundertjährige Kalender ist nun schon weit über zweihundert Jahre alt – und er besitzt noch immer seine Gültigkeit. Denn er wurde von seinem »Erfinder« Dr. Mauritius Knauer, dem Abt des Klosters Langheim im Bistum Würzburg, im Grunde als ein immerwährender Kalender angelegt.

Der fromme Abt war ein praktisch denkender Mensch, und er wußte, daß es dem Kloster großen Nutzen bringen würde, wenn man dem Wettergeschehen ein bißchen auf die Schliche kommen könnte. Im Garten oder auf den Feldern des Klosters ließe sich mancher Schaden vermeiden oder zumindest in Grenzen halten, sofern es eine einigermaßen zuverlässige Wettervorhersage gäbe.

Dr. Mauritius Knauer war nicht nur Theologe, er hatte sich – an der Universität in Wien – auch astronomischen und naturwissenschaftlichen Studien gewidmet, was seine Beobachtungsgabe schärfte. Mit all seinem Wissen und seiner Erfahrung kam er schließlich zu der Erkenntnis, daß den scheinbar chaotischen und undurchschaubaren Wettervorgängen bestimmte Gesetzmäßigkeiten zugrunde liegen müßten. Und er fand heraus, daß sich das Wetter alle sieben Jahre in etwa wiederholt.

Auf diesem Sieben-Jahres-Zyklus baute Knauer seinen Kalender auf. Er ordnete jedes der sieben Jahre einem Planeten zu und gab dem meteorologischen Geschehen damit eine astrologische Grundlage. Das entsprach durchaus den Gepflogenheiten der Zeit, in der Astronomie und Astrologie noch eine einzige Wissenschaft bildeten. Selbst der große Astronom Johannes Kepler hat Horoskope erstellt und astrologische Kalender veröffentlicht.

Mauritius Knauer – ein Bildnis aus der Zeit um 1720.

Doch Mauritius Knauer wollte sich nicht mit der Astrologie begnügen. Er baute vielmehr – und das war wirklich neu – auf eine möglichst genaue und langfristige Wetterbeobachtung. Von 1652 bis 1658 führte er Tag für Tag sorgfältig Buch über das Wetter, schrieb auf, was bei Sonnen- oder Mondfinsternis geschah, machte Notizen über das Gedeihen von Feld- und Gartenfrüchten, über den Weinbau, den Fischbestand und das Ungeziefer sowie über auftretende Krankheiten.

Nach sieben Jahren war aus diesen Aufzeichnungen ein systematisch aufgebauter meteorologischer Kalender geworden, der später als »Hundertjähriger« weite Verbreitung finden sollte. Zunächst diente er jedoch nur den Insassen des Klosters Langheim, insbesondere jenen Klosterbrüdern, die in der Landwirtschaft beschäftigt waren oder für den Klostergarten zu sorgen hatten.

Die Existenz des Knauerschen Kalenders sprach sich allerdings bald herum. Das Kloster wurde um Abschriften gebeten, und so verbreitete sich das Werk nicht nur in Deutschland, sondern darüber hinaus in Österreich-Ungarn, in Böhmen und sogar in Rußland. Die erste gedruckte Ausgabe erschien wahrscheinlich im Jahre 1701 – lange nach dem Tod Mauritius Knauers, der 1664 im Alter von 51 Jahren gestorben war. Und erst um 1721 kam ein findiger Verleger auf die Idee, der von ihm verbreiteten Ausgabe den Titel »Hundertjähriger Kalender« zu geben.

Natürlich gab es immer auch Einwände gegen den »Hundertjährigen«. Vor allem hat man dem Langheimer Abt in späteren Zeiten übelgenommen, daß er Sonne und Mond zu den Planeten rechnet. Das war zu seiner Zeit im astrologischen Bereich aber allgemein üblich – Knauer hat diese Einteilung von traditionellen Kalendern übernommen. Ein durchaus stichhaltiger Einwand bezieht sich darauf, daß Knauer seine Aufzeichnungen über das Wetter im Frankenland gemacht hat – Vorhersagen könnten sich daher nur auf das Fränkische beziehen. Schließlich wurde und wird angezweifelt, daß der Sieben-Jahres-Zyklus für das Wetter von Bedeutung ist – die Fehlerquoten sprächen dagegen. Knauer selbst weist jedoch immer wieder darauf hin, daß es zu Abweichungen im Wetterablauf kommen kann, daß beispielsweise Sonnen- und Mondfinsternisse oder das Erscheinen von Kometen Einfluß auf das Wetter haben.

Die anhaltende Beliebtheit des hundertjährigen Kalenders spricht dafür, daß er trotz aller Vorbehalte als ein Stück Volksgut angesehen wird. Und so ist er über seinen meteorologischen Zweck hinaus ein hochinteressantes Objekt unserer Kulturgeschichte geworden.

Wie der hundertjährige Kalender benutzt werden kann

Um den hundertjährigen Kalender für die Wettervorhersage nutzen zu können, sollte man sich zunächst mit seinem Aufbau vertraut machen.

Der Kalender beruht auf der Annahme, daß sich das Wetter alle sieben Jahre wiederholt. Innerhalb des Sieben-Jahres-Zyklus sind die einzelnen Jahre in festgelegter Reihenfolge jeweils einem Planeten zugeordnet:

Jahr des Saturn
Jahr des Jupiter
Jahr des Mars
Jahr der Sonne
Jahr der Venus
Jahr des Merkur
Jahr des Mondes

Die Planeten-Jahre beginnen jeweils am 21. März und enden am 20. März des folgenden Jahres.

Die Beschreibungen der einzelnen Planeten-Jahre beginnen mit einer astrologischen Charakteristik des Planeten, in der seine Natur und sein Einfluß auf den Menschen dargestellt werden.

Es folgen die Wetterbeschreibungen: zunächst eine allgemeine Charakterisierung des Jahres, danach eine zusammenfassende Darstellung der vier Jahreszeiten – Frühling, Sommer, Herbst und Winter – und schließlich der tägliche »Wetterbericht«, nach Monaten geordnet und in den Aufzeichnungen Knauers als »Partikular-Witterung« bezeichnet.

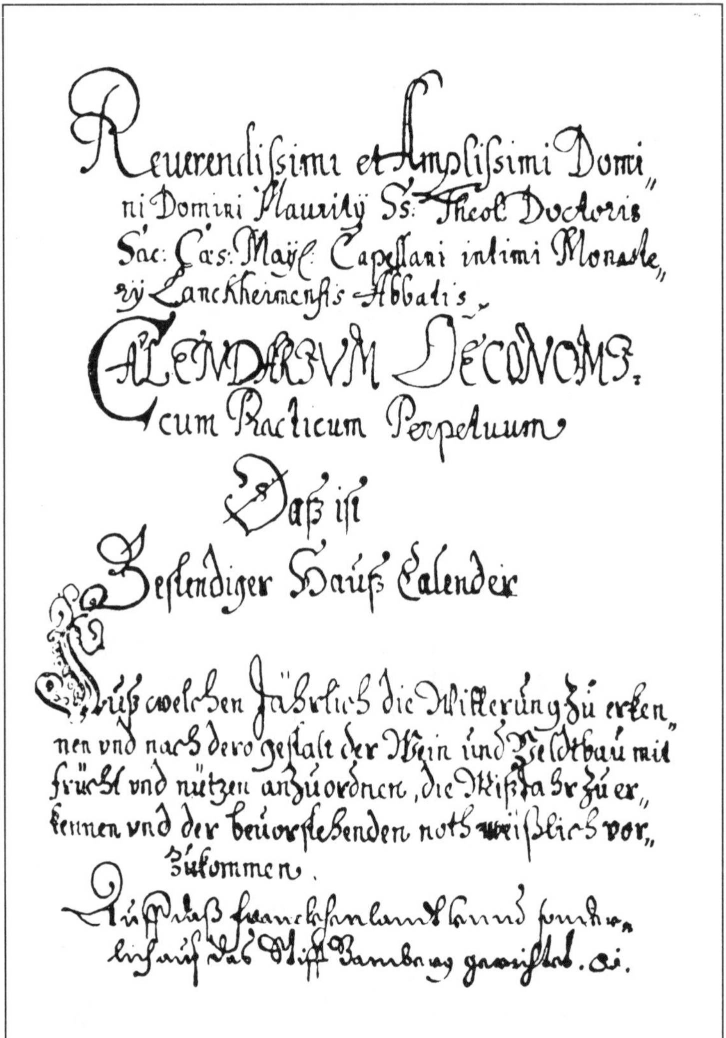

Reverendissimi et Amplissimi Domi-
ni Domini Maurity Ss. Theol. Doctoris
Sac. Caes. Majst. Capellani intimi Monaste-
rij Lanckheimensis Abbatis.
CALENDARIUM OECONOMICUM
cum Practicum Perpetuum
Daß ist
Bestendiger Hauß Calender
Auß welchen Jährlich die Witterung zu erken-
nen und nach dero gestalt der Wein und Veldtbau mit
frücht und nützen anzuordnen, die Mißjahr zu er-
kennen und der bevorstehenden noth weißlich vor-
zukommen.
Auff das francken landt und ...
bis auf das Stifft Bamberg gerichtet. etc.

Titelseite einer der frühesten Handschriften des hundertjährigen Kalenders.

Nach dem Wetter finden wir dann die Hinweise für den Garten, die Landwirtschaft, den Weinbau, den Fischbestand und zum Schluß die in dem betreffenden Jahr auftretenden Krankheiten.

Soviel zum Aufbau des hundertjährigen Kalenders. Wer nun etwas über das Wetter erfahren will, muß also zunächst einmal das Planetenjahr bestimmen. Dazu ein Beispiel: Das Jupiter-Jahr 1994 beginnt am 21. März 1994 und endet am 20. März 1995. Tabellarische Aufstellungen der Planeten-Jahre finden Sie auf Seite 15 sowie auf den Umschlag-Innenseiten dieses Buches.

Sobald Sie wissen, unter welchem Planeten-Jahr Sie nachschlagen müssen, können Sie sich dort unter dem betreffenden Monat über das zu erwartende Wetter informieren.

Wer aber eine ganz individuelle, auf den eigenen Wohnort zugeschnittene Vorhersage haben möchte, sollte es dem Abt Knauer nachtun und sieben Jahre lang möglichst ausführlich Tagebuch über das Wetter führen. Er besitzt damit einen eigenen, wahrscheinlich konkurrenzlosen »Hundertjährigen«.

Die in diesem Buch wiedergegebenen Aufzeichnungen Mauritius Knauers folgen der Original-Handschrift, die erst in unserem Jahrhundert wiederentdeckt wurde. Die Texte wurden lediglich – des besseren Verständnisses wegen – dem heutigen Sprachgebrauch angeglichen. Einige in lateinischer Sprache verfaßte Anmerkungen Knauers blieben unberücksichtigt.

Astrologische Darstellung von Erhard Schön aus dem frühen 16. Jahrhundert.

Tabelle der Planeten-Jahre von 1951 bis 2069

Jahr des Saturn	Jahr des Jupiter	Jahr des Mars	Jahr der Sonne	Jahr der Venus	Jahr des Merkur	Jahr des Mondes
1951	1952	1953	1954	1955	1956	1957
1958	1959	1960	1961	1962	1963	1964
1965	1966	1967	1968	1969	1970	1971
1972	1973	1974	1975	1976	1977	1978
1979	1980	1981	1982	1983	1984	1985
1986	1987	1988	1989	1990	1991	1992
1993	1994	1995	1996	1997	1998	1999
2000	2001	2002	2003	2004	2005	2006
2007	2008	2009	2010	2011	2012	2013
2014	2015	2016	2017	2018	2019	2020
2021	2022	2023	2024	2025	2026	2027
2028	2029	2030	2031	2032	2033	2034
2035	2036	2037	2038	2039	2040	2041
2042	2043	2044	2045	2046	2047	2048
2049	2050	2051	2052	2053	2054	2055
2056	2057	2058	2059	2060	2061	2062
2063	2064	2065	2066	2067	2068	2069

Das Planeten-Jahr beginnt jeweils am 21. März und endet am 20. März des darauffolgenden Jahres.

Das Jahr des Saturn

... 1986
1993
2000
2007
2014 ...

Das Jahr beginnt
am 21. März
und endet am 20. März
des folgenden Jahres.

Der Planet Saturn

Saturn ist unter den Planeten der erste und höchste Wandelstern, an Farbe braun und bleich, von dunklem Licht. Unter allen Planeten ist er der am schlechtesten sichtbare, weil er von der Sonne am weitesten entfernt ist. Er vollendet seinen Lauf um die Sonne nur alle dreißig Jahre einmal.

Saturn ist von kalter Natur und ziemlich trocken, ja so kalt, daß manche schreiben, wenn er so nahe bei der Erde stünde wie der Mond, so wäre hier allezeit Winter und nie Sommer.

Saturn ist ein männlicher, melancholischer, irdischer und böser Planet, welcher der menschlichen Natur feindlich und schädlich ist. Da sein Einfluß lange wirksam bleibt, nennt man ihn *Infortuna major* – großes Unglück.

Saturn ist der Leitstern der alten Leute, der Väter, Ahnherren und Urahnherren, der Bauern, Bettler, Juden, Bergleute, Kürschner, Töpfer und aller Menschen mit tiefsinnigen Gedanken.

Die Leute, die unter seiner Regentschaft geboren sind, macht er schwarz, braun, bleich und erdfarben. Sie senken den Blick, sind mager, etwas krumm oder bucklig. Sie haben kleine Augen, einen dünnen Bart, sind verzagt und schreckhaft, stillschweigend, abergläubisch, betrügerisch, geizig, traurig, arbeitsam, arm, verachtet, unglücklich, melancholisch, neidisch, hartnäckig, einsam, nachstellig, gefräßig. Saturn bringt Gefängnis, lange Krankheiten und heimliche Feinde mit sich.

Im menschlichen Körper sind ihm das rechte Ohr, die Milz, die Blase, die Beine und die Zähne zugeordnet.

Das Wetter

Das Jahr des Saturn ist kalt und feucht, obwohl es auch ziemlich trockene Perioden gibt. Dennoch fallen große Regenmengen – besonders im August und den Herbst über –, so daß insgesamt eine kalte und ungeschlachte Witterung vorherrscht.

Die vier Jahreszeiten

Frühling

Der Frühling ist sehr trocken und bis in den Mai hinein auch sehr kalt. Anfang April gibt es zwar einige wärmere Tage, danach fällt jedoch bis in den Mai wieder Kälte ein. Im Mai sind die Tage schön, die Nächte aber kalt, so daß sich trotz einiger Gewitterregen Dürre ausbreitet. Es gibt auch schädlichen Reif. Erst gegen Ende des Frühlings kommt ziemlich angenehmes und warmes Wetter auf, und auch Regen stellt sich ein. Gras und Blumen zeigen sich in diesem Frühjahr spät.

Bauernregeln

Der März soll kommen wie ein Wolf,
aber gehen wie ein Lamm.

Der April macht die Blum,
der Mai hat den Ruhm.

Sommer

Der Sommer ist zum großen Teil kalt. Der August bringt über Wochen hinweg Dauerregen, er ist daher unfruchtbar. Zuvor war der Juli zwar über die Hälfte sehr warm und schön, im übrigen aber meist feucht mit Sturmwind und Platzregen. Dies gilt insbesondere, wenn der Sommer des vorhergehenden Mond-Jahres warm gewesen ist. Das Getreide ist also mit großer Vorsicht einzubringen – Feiertage sollten nicht geschont werden.

Herbst

Der Herbst ist ebenfalls sehr kalt und feucht. Es gefriert frühzeitig, doch folgt bald wieder großes Regenwetter. Wenn die Hälfte des Oktobers vorüber ist, fängt eine große Kälteperiode an. Im November ist es dann wieder feucht und ziemlich warm.

Winter

Der Winter ist anfänglich feucht mit Regen und starken Güssen. Gegen den 20. Dezember wintert es zu mit viel Schnee und Kälte. So geht es fort bis in den April. Man sollte sich daher mit genügend Futter für die Schafe versehen, weil sie in diesem Winter nicht ausgetrieben werden können. Ebenso sollte man auch mit Holz gut vorsorgen und es frühzeitig herbeischaffen lassen.

Die zwölf Monate

März

Der März ist vom 21. bis zum Ende rauh, es gefriert und wird täglich kälter. Am 29. und 30. fällt Schnee, und es bleibt kalt.

April

Bis zum 3. ist es sehr kalt, der 4. ist ein schöner, warmer, klarer Tag. Vom 5. bis zum 8. ist es trüb und es regnet, vom 9. bis zum 16. ist es sehr kalt, klar und windig. Am 17. fällt ziemlich viel Regen, am 18., 19. und 20. ist es sehr rauh und kalt, am 21. warm und schwül, am 22., 23. und 24. trüb und warm, Regen wechselt mit Sonnenschein. Der 25., 26. und 27. sind schön, aber schwül, am 28. fällt Regen. Danach ist es schön warm.

Mai

Am 1. gibt es Donner und Regen, am 2. ist es morgens sehr kalt, am 3. wieder Donner und Platzregen. Der 4. ist unstet und kühl, der 5. bringt großen Frühreif, der Tag ist klar und kühl. Vom 6.

Bauernregeln

Ist's im Mai recht kühl und naß,
haben die Maikäfer keinen Spaß.

Die erste Liebe und der Mai
gehn selten ohne Frost vorbei.

bis 25. ist es schön, nachts kühl, tagsüber sehr warm, es herrscht große Trockenheit. Der 26. ist rauh, der 27., 28. und 29. trüb mit Regen. Am 30. gibt es starken schädlichen Reif, am 31. ist es sehr windig, abends fällt Regen.

Juni

Vom 1. bis 3. ist es sehr rauh und kalt, am 4. und 5. fällt kalter Regen, am 6., 7. und 8. wechselt warmer Regen mit Sonnenschein. Am 9. und 10. ist es schön, vom 11. bis 15. schwül mit gelegentlichem Regen, am 16. Donner und Platzregen. Am 18. und auch am 19. und 20. ist es schön warm und feucht, aber auch sonnig. Vom 21. bis 25. regnet es, der 26. und 27. sind herrlich schön, am 28. kommen Gewitter auf, der 29. ist wieder sehr schön, der 30. trüb.

Juli

Der 1. ist trüb und rauh, am 2. regnet es, vom 3. bis 9. herrscht große Hitze bei schönem Wetter, in der Nacht des 9. gibt es jedoch zwei Gewitter und lange, schwere Platzregen. Am 10.

fällt starker Regen, vom 11. bis 27. herrscht große Hitze ohne Regen, am 28. und 29. regnet es dann wieder stark. Auch am 30. und 31. fällt noch Regen.

August

Der 1. ist trüb mit etwas Regen, der 2., 3. und 4. sind herrlich schön, nachts ist es kühl. Am 5. Donner und Platzregen. Am 6. ist es ziemlich schön, vom 7. bis 13. fällt täglich Regen, der 14., 15. und 16. sind wieder schön. Am 17. gibt es ein großes Gewitter mit Donner, Sturmwind und Platzregen. Vom 18. bis zum Monatsende herrscht kontinuierlich starkes Regenwetter. Das Getreide auf dem Feld wächst aus, und das Stroh verfault.

September

Vom 1. bis 8. ist es herrlich schön, am 9. gibt es nach Mitternacht ein schreckliches Gewitter, der 10. und 11. sind wolkig mit Regen. Am 12. ist es schön, am 13. regnet es, der 14. ist wieder schön warm. Am 15., 16. und 17. herrscht starkes Regenwetter, vom 18. bis 23. ist es hell und nachts kalt, vom 24. bis 29. fällt Regen, am 30. hellt es wieder auf.

Bauernregeln

Was Juli und August nicht taten,
läßt der September ungebraten.

Septembersonne gibt eine dicke Mahd.

Oktober

Der 1., 2. und 3. sind hell und windig. Der Boden ist morgens hartgefroren. Am 4. fällt Regen, der 5. ist warm und gewittrig, am 6. und 7. gehen achtundvierzig Stunden lang unaufhörlich Regengüsse nieder. Am 8., 9., 10. und 11. ist es wolkig ohne Regen, am 12. und 13. gereift und gefroren. Am 14. ist es klar und warm, am 15. wolkig, vom 16. bis 26. ebenfalls, aber ohne Frost. Am 28. Frühnebel, nachts wird es sehr kalt wie im Winter mit Sturmwind. Es bleibt so bis zum Monatsende, es gibt schon dickes Eis.

November

Der 1. ist klar und sehr kalt, am 2. und 3. folgt Regen. Vom 4. bis 7. herrscht feines Wetter, vom 8. bis 11. regnet es. Der 12. ist windig, am 14. und 15. gibt es kleine Regengüsse, vom 16. bis 21. sind die Tage immer wieder mit Regen vermischt. Am 21. ist es hart gefroren, am 22. ist es in der Frühe kalt, danach folgt Regen. Auch am 23. regnet es noch. Der 24. ist ein schöner lustiger Herbsttag, am 25. ist es tagsüber schön, nachts regnet es. Vom 26. bis 29. herrscht schönes Wetter, am 30. ist es windig.

Dezember

Am 1. fallen Regen und Schnee, am 2. nur noch Schnee. Am 4. hellt es auf, am 5. regnet es den ganzen Tag, so daß der Schnee schmilzt. Am 6., 7. und 8. ist es warm und trüb, am 9. fällt starker Regen, am 10. ist ein herrlich schöner, warmer Frühlingstag. Am 11. ist es windig, am 12. gehen starke Regengüsse nieder, der 15. bis 18. sind trüb. Am 19. ist es klar und frostig, es wintert zu und bleibt bis zum 29. klar, still und sehr kalt ohne Schnee. Am 30. und 31. gibt es Frühnebel, danach bleibt es trüb.

Januar

Vom 1. bis 4. ist es trüb und mittelkalt, am 5. fallen Regen und Schnee, der Schnee bleibt liegen. Am 6. schneit es noch ein wenig, am 7., 8. und 9. ist es trüb, am 10. fällt wieder Schnee. Der 11. und 12. sind windig und trüb, der 13. bringt Schnee. Am 14., 15. und 16. ist es trüb und mittelkalt, am 17. hellt es auf, der 18. und 19. sind klar und kalt, und am 20. herrscht grimmige Kälte. Am 21. und 22. gibt es Wind und Schnee, der 23. und 24. sind klar und sehr kalt, am 25. und 26. herrscht unerhörte Kälte. Vom 27. bis 30. fällt Schnee, und es ist sehr windig, am 31. herrscht übergrimmige Kälte.

Februar

Vom 1. bis 4. ist es sehr kalt, am 5. und 6. schneit es, nachts ist es kalt. Am 7. ist es kälter als jemals, es friert bis in die Keller, am 8. und 9. wird es noch schlimmer. Es sind viele Menschen, Vieh und Vögel erfroren, besonders fast alle Amseln. Der 10. ist etwas milder, doch immer noch grimmig kalt. Am 11., 12. und 13. gibt es starken Wind und Schnee, es bleibt sehr kalt. Der 14. ist trüb, am 15. und 16. fällt ziemlich viel Schnee. Der 17. ist trüb und lind, es schneit ein wenig, nachts ist es weiterhin kalt. Der 18. ist trüb, der 19. warm und schön. Vom 20. bis 27. fällt Regen, so daß die Schneemassen zum größten Teil wegschmelzen. Am 28. dieses Monats ist etwas Bemerkenswertes geschehen, deshalb soll es hier etwas ausführlicher beschrieben werden: In der Frühe gab es eine Morgenröte und ein klein wenig Frost, um zehn Uhr einen Platzregen. Zwischen elf und zwölf hat es dann siebenmal nacheinander gedonnert, wobei es nur ein einziges, kurzes Wetterleuchten gab. Jetzt fielen etwa drei Vaterunser lang Hagelkörner, fast alle so groß wie welsche Nüsse, und anschließend regnete es etwa acht Minuten lang. Danach war alles wieder still. Es ist kaum Wind gegangen, erst abends wurde es windig, die Sonne schien, und es war ziemlich kalt. Als die Dunkelheit einsetzte, hat es wieder gedonnert und geblitzt mit Sturmwind, während Platzregen und Hagel einander ablösten. Nachts regnete es stark, dazwischen fiel Schnee, und immer wehte ein grausamer Wind. So endete dieser Februar.

März

Am 1. wehte starker Wind, dabei fällt morgens Schnee, abends Regen und Schnee, es ist kalt. Am 2. und 3. gibt es schönen Sonnenschein, vom 4. bis 7. Regen. Am 8. ist es trüb und windig, am 9. warm, nachts fällt kalter Regen. Der 10. bringt Schnee, der 11. ist rauh, der 12. und 13. sind schön, aber morgens ist es hart gefroren. Am 14. fallen Graupelschauer, der 15. und 16. sind klar und kalt, der 17. ist windig bei sehr scharfer Luft, der 18. ebenso. Am 19. und 20. fällt viel Schnee, es ist sehr kalt und windig.

Nützliche Hinweise für Garten, Landwirtschaft und Gesundheit

Sommeranbau

Weil der Frühling kalt und ungeschlacht ist und vor dem Juli keine beständige Wärme eintritt, darf man mit der Frühlingssaat nicht zu sehr eilen, sich aber auch nicht verspäten. Die Mittelsaat ist die beste, die späte die schlechteste. Alles soll untergesät werden.

Wenn der letzte Sommer kalt und feucht war, so wird es in diesem Jahr wenig Gerste und Hafer geben. Wenn es aber warm war, so gerät die Gerste sehr wohl, aber es kommt darauf an, wie man sie einbringt.

Wegen des kontinuierlichen Regens werden viele Feldfrüchte auswachsen. Kraut und Wirsing verfaulen frühzeitig, oder es wachsen keine oder wenig Köpfe. Rüben, sowohl gelbe als auch weiße, geraten wohl. Flachs und Hanf gedeihen unterschiedlich, doch an manchen Orten eher schlecht.

Bauernregeln

Im Sommer will der Bauer schwitzen
und nicht hinterm Ofen sitzen.

Die Julisonne arbeitet für zwei.

Heu wächst nicht viel. Man soll allen Fleiß anwenden, es beizeiten zu mähen – auch wenn es kurz und wenig ist – und im schönen Juli einzubringen, sonst ist die Zeit versäumt. Es wächst viel Grummet (zweites Heu), das aber wegen der Nässe schwer einzubringen sein wird. Wer feistes Vieh haben will, kann es abhüten lassen.

Merke: In diesem und im folgenden Jahr soll man, wenn es möglich ist, an Heu und Stroh einen Vorrat schaffen; denn in den darauffolgenden Jahren unter Mars und Sonne wachsen wenig Heu, Gerste und Hafer.

Winteranbau

Der Winteranbau ist ziemlich spärlich – ganz anders als der Sommeranbau. Man soll seine Schafe weder im Winter noch im Frühling auf die Saat treiben, sonst wächst gar wenig vom Winteranbau. Zu seiner Einbringung müssen – wie auch bei anderen Sommerfrüchten – auch die Abende von Feiertagen genutzt werden, damit auf dem Feld nicht zuviel auswächst und verdirbt. Es soll zeitig geschnitten werden, weil im August das nasse Wetter einfällt und allezeit etwas an der Gerste und auch am späten Korn auswächst.

Herbstsaat

Im Herbst soll man Roggen und Weizen zeitig säen; denn der Samen wächst gar langsam, ob es nun regnet oder trocken ist. Und man soll sowohl im Herbst als auch zuvor im Frühling keine Schafe auf die Saat treiben, denn der Winteranbau wächst in diesem Jahr nicht recht fort.

Obst

Es wachsen dieses Jahr wenig Obst und Zwetschgen, manchmal auch wenig Nüsse und Eicheln, aber von diesen immer noch mehr als vom Obst. Auch Kirschen gibt es nicht sehr viel.

Hopfen

Der Hopfen wird gewöhnlich im Frühling vom Hagel erschlagen. Er gerät auch sonst nicht besonders gut, und was wächst, hat wenig Kraft.

Weinbau

Der Weinstock läßt sich im Frühling gewöhnlich gut an, es wird aber wenig daraus. Meistens fällt er zum größten Teil in der Blüte ab. Ob nun aber viel oder wenig am Stock bleibt, die Trauben reifen nicht aus. Es ist daher vom Wein nichts als ein saurer Trunk zu erwarten; denn entweder wird er wegen der Nässe nicht reif, oder er erfriert um Michaelis (29. September).

Bauernregel

Septemberregen,
dem Bauern Segen,
dem Winzer Gift,
wenn er ihn trifft.

Man soll im Herbst zeitig lesen, denn es erfriert sonst alles. Mit dem Decken braucht man sich jedoch nicht zu beeilen. Denn obwohl es schon zeitig im Oktober Frost gibt, so wird es danach doch wieder wärmer und wintert vor Mitte Dezember nicht zu. Wenn also zu zeitig gedeckt würde, müßten die Reben in dem nassen Erdreich faulen und Schaden leiden.

Wind, Regen und Gewitter

Zwei- oder dreimal im Jahr treten stürmische Winde mit starken Regenfällen und Wolkenbrüchen auf – vornehmlich im Herbst und im ausgehenden Sommer, wenn der vorige Sommer warm gewesen ist. Dagegen gibt es nur wenige Gewitter mit Donner und Blitz, doch etliche mit gefährlichem Hagel – vor allem im Frühling. Die Sommergewitter sind meistenteils ungefährlich.

Ungeziefer

In diesem Jahr gibt es nicht viele Schlangen und Kröten, doch im Winter viele Mäuse. Im Getreide gibt es nicht so viele Würmer wie in anderen Jahren. Die weißen Würmer werden im folgenden Winter alle durch die große Kälte getötet.

Fische

Lachsforellen gibt es nicht so viele wie in den Jahren zuvor, doch soviel man notwendig braucht, ist auch vorhanden. Es gibt sonst nicht viele Fische während des Sommers. Im Herbst sind es dann mehr, aber auch dann nicht im Überfluß.

Krankheiten

Gegen Ende des Sommers – wie auch im Herbst – gibt es viele gefährliche Krankheiten, die fast einer Seuche gleichkommen, als da sind: tödliches Fieber, Durchfall oder weiße Ruhr, Katarrh, Zipperlein, Aussatz, Krätze, Schlaganfall, Schwindsucht, viertägiges Fieber, schwarze Gelbsucht, Grimmen im Leib, Wassersucht, Husten und dergleichen Krankheiten mehr, die von Verkühlungen verursacht werden. Die Blattern regieren im Frühling bei den Kindern, von denen ziemlich viele die Welt segnen. So sterben in vielen Orten auch das Vieh und die Pferde.

Das Jahr des Jupiter

...1987
1994
2001
2008
2015...

Das Jahr beginnt
am 21. März
und endet am 20. März
des folgenden Jahres.

Der Planet Jupiter

Jupiter ist der nächste Planet nach dem Saturn. Er ist groß an Gestalt, schön und klar und vollendet seinen Lauf um die Sonne alle zwölf Jahre einmal.

Seiner Natur nach ist Jupiter warm und feucht, mittelmäßig sanguinisch – das heißt lebhaft und heiter – und luftig. Er ist ein männlicher und der menschlichen Natur geneigter und freundlicher Stern. Man nennt ihn *Fortuna major* – großes Glück.

Jupiter erzeugt weiße, schöne und wohlgestaltete Menschen von gutem Gemüt, die verständig in ihren Werken, gerecht, freigebig, reich, treu und glücklich sind. Unter seinem Einfluß gedeihen Hoffart, Reichtum, Ehre und Erfolg.

Zu den Schutzbefohlenen Jupiters gehören Kinder, Kardinäle, Bischöfe, Prälaten, Richter und Vorgesetzte.

Im menschlichen Körper sind ihm Lunge, Leber, das Skelett, Knorpel, Pulsadern und der menschliche Samen zugeordnet.

Das Wetter

Das Jupiter-Jahr ist ziemlich warm und mehr feucht als trocken. Weil das vorangegangene Saturn-Jahr mit seinem langen Winter und grimmiger Kälte im Frühling noch lange nachwirkt, gibt es ein spätes Jahr. Obwohl Jupiter zu aller Fruchtbarkeit geneigt ist, können in diesem Jahr alle Früchte manchmal erst drei Wochen später als in anderen Jahren gedeihen.

Die vier Jahreszeiten

Frühling

Der Frühling ist bis in den Mai kalt und feucht, in der Mitte für zehn oder zwölf Tage schön temperiert und angenehm, danach aber bis zum Ende wieder kalt und feucht.

Sommer

Der Sommer ist anfangs kalt und feucht, in der Mitte warm mit schönen Tagen und vielen Gewittern, gegen Ende dann sehr heiß. Wenn das Jupiter-Jahr einen dürren Sommer hat, was alle achtundzwanzig Jahre einmal geschieht, so wird danach das Getreide teuer. Es hat aber noch nie einen dürren Sommer gegeben, wenn nicht zuvor zwischen Februar und Mai eine Sonnenfinsternis gewesen ist.

Herbst

Der Herbst ist durch und durch feucht und durch stetigen Regen gekennzeichnet, es sei denn, daß zuvor eine Sonnenfinsternis aufgetreten ist.

Winter

Der Winter ist am Anfang einige wenige Tage lang sehr kalt und bringt daher viel Schnee. Danach aber ist es bis zum Ende sehr mild ohne Schnee, aber mit viel Wind.

Die zwölf Monate

März

Vom 21. bis zum 23. ist es sehr kalt, vom 24. bis zum Monatsende ist es morgens ständig hart gefroren, während es am Tag wieder taut.

April

Anfangs ist es kalt, am 3. und 4. sehr schön und warm. Am 6. und 7. gibt es Wind und Platzregen, vom 8. bis 11. ist es wieder schön warm. Am 12. folgen Regengüsse und Gewitter. Der 13.

Bauernregeln

Aprilwetter und Weibertreu,
das ist immer einerlei.

Gedeiht im April die Schneck und die Nessel,
füllt sich der Speicher und das Fässel.

und 14. sind schön, danach gibt es bis zum 21. Regenwetter mit Gewittern. Am 22. und 23. herrscht rauhe Luft, am 23., 24. und 25. sehr kalter und starker Regen. Vom 26. bis 29. ist es sehr rauh und kalt, dabei trüb, am 29. und 30. gehen Regengüsse nieder.

Mai

Der 1. und 2. sind rauh, windig und kalt, vom 3. bis 14. herrscht schönes warmes Wetter, unterbrochen von wenigen Gewittern und etwas Regen. Vom 15. bis 22. ist es kalt mit Regen und Hagelschlägen. Am 23. friert es nachts, am 24., 25. und 26. ist es leidlich schön, am 28. und 29. ist es kalt mit etwas Regen. Der 30. beginnt mit Reif und Eis, danach fallen den ganzen Tag über kalter Regen und Schnee.

Juni

Der Monat beginnt mit einem schönen Tag. Danach folgen schwere Regengüsse. Vom 3. bis 6. ist es rauh, der 7. ist wieder ein schöner warmer Tag. Der 8. ist unbeständig, vom 9. bis 14. ist es morgens kühl und abends wärmer. Am 15. regnet es Tag und Nacht, vom 16. bis 20. ist es morgens stets sehr kalt. Der 21. und 22. sind schöne warme Tage, am 23. und 24. fällt steter Regen, der 25. ist sehr kalt, und vom 26. bis zum Ende des Monats regnet es wieder.

Juli

Der 1. und 2. sind kalt und trüb mit Nieselregen, der 3. und 4. warm, der 5. und 6. wieder sehr kalt. Die Tage vom 7. bis 17. sind eine schöne warme Zeit, vom 18. bis 21. regnet es. Vom 22. bis zum Monatsende ist es schön warm, zeitweise sogar heiß.

AUGUST

Vom 1. bis 6. ist es schön warm, am 7. fällt den ganzen Tag Regen, vom 8. bis 11. ist es trüb mit gelegentlichen Regenfällen. Am 12. kommt ein Platzregen, der 13. ist schön, am 14. bilden sich nachts Reif und Eis. Am 15. gibt es Donner, Blitz und Platzregen, am 16. und 17. kalten Regen. Vom 18. bis 24. ist es schön und sehr warm, vom 25. bis 28. gibt es täglich Gewitter mit viel Regen. Der 29. ist ein schöner Tag, am 30. und 31. regnet es erneut.

SEPTEMBER

Vom 1. bis 4. herrscht warmes Wetter, in der Nacht vom 4. gibt es Gewitter und Platzregen. Vom 5. bis 8. ist es hell und schön, aber windig. Am 9. fällt ein wenig Regen, der 10. und 11. sind kühl und windig. Vom 13. bis 16. regnet es, vom 17. bis 26. ist es schön warm wie im Sommer. Vom 27. bis zum Ende des Monats fällt Regen.

Oktober

Vom 1. bis 14. herrscht Regenwetter, und es ist ziemlich kalt. Am 15. fällt nachts Schnee. Vom 15. bis 21. regnet es, und es ist windig. Danach ist es bis zum Monatsende leidlich schön und warm.

November

Der 1. ist ein schöner Tag, am 2. und 3. ist es morgens gefroren, am Tage klar. Der 4., 5. und 6. sind schöne warme Tage, am 6. regnet es dann die ganze Nacht. Vom 7. bis 13. ist es trüb und kalt, bisweilen nieselt es ein wenig. Der 14. ist windig und trüb mit Regen, am 15. wird der Wind stärker, und es fällt Schnee. Vom 16. bis 19. ist es unbeständig, vom 20. bis 27. fällt starker Regen, bisweilen mit Schnee vermischt. Am 28. ist es ziemlich schön, der 29. und 30. sind trüb und kalt.

Bauernregeln

Novemberwasser auf den Wiesen –
dann wird das Gras im Frühling sprießen.

Wenn's im November regnet und frostet,
das leicht der Saat das Leben kostet.

Novemberschnee
tut den Saaten nicht weh.

Dezember

Am 1. und 2. schneit es zu, vom 3. bis 8. ist es unbeständig. Am 9. fällt nachts große Kälte ein, am 10. wehen starke, überaus kalte Winde, und es fällt viel Schnee. Am 11. und 12. herrscht grimmige Kälte, am 13. und 14. wird es linder, und es schneit erneut. Der 15. ist klar und sehr kalt, vom 16. bis 19. läßt die Kälte etwas nach, und es ist trüb. Der 20. wird trüb und sehr kalt. Vom 21. bis 28. ist es mild und regnerisch, der Schnee schmilzt und bleibt nur im Wald liegen. Vom 29. bis zum Monatsende ist es kalt mit ein wenig Schneefall.

Januar

Der 1., 2. und 3. sind trüb und mittelmäßig kalt, am 4., 5. und 6. gibt es große Regenfälle, der 7., 8. und 9. sind mittelkalt. Am 10. kommen Regen und Graupelschauer, vom 11. bis 17. ist es unbeständig mit Wind. Vom 18. bis 22. fallen kleinere Regengüsse, vom 23. bis zum Ende des Monats bleibt es unbeständig mit Regen, Wind, Schnee und Nebel.

Bauernregeln

*Januarsonne
hat weder Kraft noch Wonne.*

*Ist Dreikönig (6. Januar) kalt und klar,
gibt's viel Wein in diesem Jahr.*

Bauernregeln

Februar kalt –
das gefallt!

Nach Sankt Mattheis (24. Februar)
geht kein Fuchs mehr über's Eis.

Lichtmeß (2. Februar) trüb
ist dem Bauern lieb.

Kalter Februar – gutes Roggenjahr.

Februar

Vom 1. bis 6. ist es trüb mit Regen, Nebel und Wind. Der 7. ist klar und ziemlich kalt, vom 8. bis 11. wird es wieder trüb, es fallen Regen und Schnee. Vom 12. bis 16. ist es klar und kalt, am 17. gibt es Regen oder Schnee, vom 18. bis 21. wehen kalte Winde. Vom 22. bis 26. ist es klar, in der Frühe kalt und frostig, aber nachmittags lieblich. Am 27. trübt es wieder ein, nachts fällt kalter Regen, der 28. wird rauh und kalt.

März

Vom 1. bis 7. ist es rauh, kalt und windig. Vom 8. bis 17. wird es sehr kalt, obwohl kein Schnee liegt. Am 18. und 19. herrschen Wind, Schnee und Regen, der 20. und 21. sind klar und vormittags sehr kalt.

Nützliche Hinweise für Garten, Landwirtschaft und Gesundheit

Sommeranbau

Das Jupiter-Jahr ist ein gutes Gerstenjahr – es wächst reichlich viel und gute Gerste, wenn der Sommer nicht zu trocken ist. Man lege daher einen großen Vorrat an, denn die zwei folgenden Jahre lassen keine gute Ernte erhoffen. Es geraten auch die Wicken sehr wohl, aber Hafer und Erbsen gibt es nur wenig, auch wenig Nüsse und Buchweizen. Flachs und Hanf bleiben klein, sind aber gut.

Dieses Jahr wächst genug Heu, auch Grummet (zweites Heu) gibt es ausreichend, aber nicht überall. Merke: In diesem Jahr soll man sich einen guten Vorrat an Heu und Futterstroh anlegen, denn in den zwei nachfolgenden Jahren ist gar wenig Heu und wenig vom Sommeranbau zu erhoffen.

Kraut und Rüben wachsen schön, doch auch nicht an allen Orten.

Winteranbau

Man soll sowohl im Frühling als auch im Herbst auf die Saatfelder treiben und hüten lassen. Aber auch wenn man dies vermeidet, wächst das Getreide nicht kräftig, es gibt nur mittelmäßige Garben und wenig an Körnern, besonders beim Roggen – der Weizen wird etwas besser.

Zuweilen bringt der Winteranbau viel Stroh, aber wenig an Körnern.

Herbstsaat

Obwohl es nur langsam zuwintert, ist es doch besser, früh zu säen als spät. Das empfiehlt sich besonders für den Weizen, weil der kommende Frühling rauh und trocken ist. Wie schon zuvor gesagt, soll man in diesem Herbst keine Schafe auf die Saatfelder gehen lassen, auch wenn der Samen schon kräftig sprießt. Nur wenn er gar zu sehr ausgewachsen ist – was selten geschieht – kann eine Ausnahme gemacht werden.

Obst

Dieses Jahr wächst fast nichts oder zumindest sehr wenig an Obst – gar keine Birnen, keine Zwetschgen, gar wenig Äpfel, wenig oder gar keine Nüsse, keine Eicheln, doch etwas Bucheckern.

Bauernregeln

Aprilensturm und Regenwucht
künden Wein und gute Frucht.

Der August muß Hitze haben,
sonst wird des Obstbaums Segen begraben.

September viel Sonnenglut
macht Äpfel und Trauben gut.

Hopfen

Dieses Jahr wächst nicht sehr viel Hopfen, doch er ist in der Substanz gut. In Böhmen und Sachsen wächst weniger als bei uns im Frankenland.

Weinbau

In 28 Jahren, also wenn der Planeten-Zyklus viermal durchlaufen ist, geschieht es kaum einmal, daß im Jupiter-Jahr ein Spitzenwein wächst – wie im Jahr 1616 geschehen und dann nicht wieder bis 1644. Auch ohne widrige Aspekte wächst manchmal

Bauernregeln

Gehen die Eisheiligen ohne Frost vorbei,
schreien Bauern und Winzer juchhei!

Soll gedeihen Korn und Wein,
muß im Juni Wärme sein.

Will der August dem Winzer nicht lachen,
kann der September nicht mehr viel machen.

Ohne Sonnenschein
wird der Wein nicht fein.

im Jupiter-Jahr nur wenig und dazu noch saurer Wein. Gewöhnlich gibt es nur einen halben Herbst und deshalb einen gewöhnlichen Tischwein.

Weil es im Herbst langsam zuwintert, darf man sich mit dem Decken nicht sehr beeilen. Es soll aber nicht unterlassen werden, denn nach Lichtmeß (2. Februar) gibt es viel Glatteis.

Mit dem Weinkauf soll man sich dieses Jahr zurückhalten, denn die drei folgenden Jahre werden rechte Weinjahre. Merke: Wenn es im Februar, März, April oder Mai eine Sonnenfinsternis gibt, so wächst im selben Jahr ein guter Wein. Das gilt sowohl für das Jupiter-Jahr als auch für die Jahre des Mars, der Sonne, der Venus und Merkurs. Ebenso verhält es sich auch mit den Kometen, die auf natürliche Weise entstehen. Denn beide – sowohl die Kometen als auch die Sonnenfinsternisse, die für uns sichtbar sind – verursachen anfangs Regen, danach aber im Sommer trockenes und warmes Wetter. Der Komet hat seinen Einfluß allerdings noch stärker im folgenden als im laufenden Jahr.

Bauernregeln

Nordwind im Horn
treibt ins Land das Korn.

Sonne im Juni und recht viel Regen
bringen dem ganzen Jahr den Segen.

Aprilenwetter und Kartenglück
wechseln in jedem Augenblick.

Wind, Regen und Gewitter

Meistens weht Favonius – der Westwind – bisweilen auch Auster – der Südwind – selten aber Subsolanus – der Ostwind. Obgleich es das Jahr über oft und viel regnet, so gibt es doch keine größeren Überschwemmungen wie bei der Schneeschmelze. Im Sommer gibt es ziemlich viele Gewitter, die jedoch keine schwereren Schäden anrichten.

Ungeziefer

Wenn das Jupiter-Jahr – wie gewöhnlich – überwiegend kalt ist, gibt es wenig Schlangen, Kröten und Heuschrecken, desgleichen wenig Würmer im Getreide. Doch treten gegen Ende des Herbstes ziemlich viele Mäuse auf – allerdings nicht überall.

Fische

Alle Arten von Fischen gibt es in diesem Jahr nur in mittelmäßigen Mengen.

Krankheiten

Dieses Jahr treten weniger Krankheiten auf als in den vergangenen Jahren. Gegen Ende des Winters gibt es Seitenstechen, Geschwüre und hitziges Fieber, oft auch Schlaganfälle, Braune, Krämpfe, Herzzittern, Entzündungen der Leber, Kopfweh, Schmerzen im Rückgrat, Windblasen im Leib und andere Krankheiten mehr, die sich aus dem Blasengestank oder einer Fäulnis ergeben.

Das Jahr des Mars

…1988
1995
2002
2009
2016…

Das Jahr beginnt
am 21. März
und endet am 20. März
des folgenden Jahres.

Der Planet Mars

Der Mars ist ein heller Stern, wie von Feuer brennend, glänzend und erschreckend. Er vollendet alle zwei Jahre einmal seinen Lauf um die Sonne.

Seiner Natur nach ist der Mars sehr hitzig und trocken, ohne Temperament, gallig und cholerisch. Es ist ein männlicher Planet, der menschlichen Natur zuwider, ein böser Anstifter von Kriegen, Hader, Zank und vielerlei Zwiespalt. Er folgt auf den Jupiter und wird *Infortuna minor* – kleines Unglück – genannt.

Mars besitzt Einfluß auf Krieg und Sieg sowie auf die Alchemie, unter seinem Zeichen stehen Gewalt, Tyrannei und Verbrechen. Zu seinen Schutzbefohlenen gehören Schmiede, Schlosser und alle Handwerker, die mit Feuer arbeiten.

Unter seiner Herrschaft werden die Menschen wütend und wild – was besonders für Rothaarige gilt –, er macht sie cholerisch und jähzornig, keck, vermessen, geschwätzig, verschwenderisch, kämpferisch, aufrührerisch, verschwörerisch, er erzeugt grausame, unverschämte Räuber und dergleichen.

Unterstellt sind ihm die Bader und Barbiere, Büttel und Stallknechte, Kriegsoberste und Befehlshaber, Stückgießer und Büchsenmacher. Er gibt ihnen eine braune und schwarzgelbe Farbe.

Im menschlichen Körper sind ihm das linke Ohr, die Galle, die Nieren, die Adern, die inneren Geschlechtsorgane und die Hoden zugeordnet.

Das Wetter

Das Mars-Jahr ist gewöhnlich mehr trocken als feucht; denn obwohl es zu gewissen Zeiten schon regnet, gibt es doch mehr trockene Tage.

Die vier Jahreszeiten

Frühling

Der Frühling ist gewöhnlich trocken, rauh und kalt. Man sollte deshalb die Schafe nicht auf die Saatfelder und auch nicht zu lange auf die Wiesen gehen lassen, sonst wird nur wenig wachsen. Dieser Frühling bringt viel Reif und bis zum 8. Juni rauhe, wilde Luft, was dem Weinwuchs und allen Früchten schädlich ist.

Bauernregeln

Fürchte nicht den Schnee im März –
darunter schlägt ein warmes Herz.

Leg erst nach Sankt Markus (25. April) Bohnen,
er wird dir's reichlich lohnen.

Wenn im Mai die Bienen schwärmen,
soll man vor Freude lärmen.

Bauernregeln

Julisonne
bringt dir zweimal Wonne.

Regnet's zum Juli hinaus,
schaut der Bauer nicht gern aus dem Haus.

August recht heiß
lohnt Mühe und Schweiß.

Sommer

Der Mars hat unter allen Planeten den heißesten Sommer, so daß sich bisweilen – wenn auch nicht in jedem Jahr – vor lauter Sonnenhitze das dürre Holz in den Wäldern entzündet. Es ist nicht nur an den Tagen sehr heiß, auch die Nächte sind unangenehm warm. In Flüssen und Brunnenquellen kann das Wasser fast zum Versiegen kommen.

Herbst

Der Herbst ist unterschiedlich. Bisweilen ist er mehr trocken als feucht – und in diesem Falle wächst ein Spitzenwein. Öfter ist er aber kühl und naß. Vor dem Advent schneit es nur selten zu. Und obwohl es vorher – besonders im Oktober – manchmal friert, ist der November doch größtenteils warm.

Winter

Der Winter ist ziemlich kalt und mehr trocken als feucht. Er ist sehr unbeständig – bald herrscht große Kälte, bald fällt Regen, bald Schnee. Das wechselhafte Wetter hält fast den ganzen Winter über an.

Die zwölf Monate

März

Ab der Tagundnachtgleiche am 21. pflegt es in der Frühe hart zu gefrieren. Die Tage sind aber meistenteils schön und lustig.

Bauernregeln

An Sankt Benedikt (21. März) acht wohl,
daß man Hafer säen soll.

Läßt der März sich trocken an,
bringt er Brot für jedermann.

Märzengrün soll man mit Holzschlegeln
in die Erde treiben.

Scheint auf Sankt Gabriel (24. März) die Sonne,
hat der Bauer Freud und Wonne.

April

Bis zum 16. pflegt es weiterhin morgens zu gefrieren. Am Tage herrscht rauhes Wetter, bisweilen mit Schneefall. Danach kommt linderes Wetter mit Regen auf und hält sich bis zum 22. Bis zum 29. gibt es dann wieder rauhes Wetter mit Reif, anschließend beginnt es schön lustig und warm zu werden.

Mai

Der Mai bringt am 2. Gewitter, dann folgt bis zum 7. rauhes Wetter. Danach ist es drei Tage lang wieder mild, am 10. friert es nachts. Bis zum 19. folgen dann wilde, rauhe, trübe, ungestüme Tage mit Reif, anschließend gibt es schönes warmes Wetter. Der 29. bringt wieder Reif, der 30. Frost.

Juni

Der Juni fängt mit Reif an, darauf folgt trübes, windiges, unbeständiges Wetter mit heftigen Regenfällen. Der 8. bringt wieder Reif, der 9. ist schön und warm. Dieses schöne warme Wetter hält – nur von gelegentlichen Gewittern unterbrochen – bis zum Monatsende an.

Juli

Der Juli beginnt mit großer Hitze, die sowohl bei Tag als auch bei Nacht anhält und Brände verursachen kann. Es kommt des öfteren zu Hagelschlägen. Das schöne Wetter dauert bis zum 11., dann folgt bis zum 21. trübes und etwas kühles Wetter mit Regen. Danach wird es wieder klar und warm bis zum 27. Bis zum Ende des Monats folgt Regenwetter.

August

Abgesehen von Frühnebel sind die Tage schön warm und heiß. Der ganze Monat ist schön warm und trocken, es gibt jedoch etliche Gewitter.

September

Das herrlich schöne, warme Wetter hält bis zum 13. an. Dann kommt etwas kühleres, herbstliches Wetter mit Regen, das jedoch bald wieder von schönem und lustigem Wetter abgelöst wird. Am 27. setzt trübes Regenwetter ein.

Oktober

Der Monat beginnt mit ungeschlachtem Wetter. Am 4. gibt es Reif, darauf folgt wechselhaftes Wetter. Der 16. ist ein schöner

Bauernregeln

Wem der Oktober nicht hilft,
dem ist nicht zu helfen.

Wenn's im Oktober wettert und leuchtet,
viel Regen noch den Acker befeuchtet.

Oktoberhimmel voller Sterne
hat die warmen Öfen gerne.

Spätsommertag, am 24. ist es frostig, dann folgen wieder schöne Tage. Vom 27. bis 30. friert es wieder ziemlich hart.

November

Vom Beginn des Monats bis zum 9. gibt es Frost, nachmittags ist es aber gewöhnlich schön und warm. Am 9. trübt es ein, und es bleibt bis zum 22. regnerisch und neblig. Dann wird es wieder frostig bis zum 29., wobei nachmittags die Sonne scheint.

Dezember

Der Dezember beginnt mit Frost. Er ist bald trüb, bald regnerisch, so daß sich Glatteis bildet. Am 10. schneit es, es gibt harten Frost bis zum 18., wo es regnet. Danach ist es bis zum Monatsende wieder sehr kalt.

Januar

Der Monat beginnt mit Kälte. Am 4. taut es, wird aber gleich wieder kalt. Ab dem 15. gibt es für einige Tage Glatteis, am 19. Schnee und darauf wechselhaftes Wetter bis zum 27. Bis zum Monatsende wechseln Regenwetter und Schneefälle einander ab.

Februar

Der Februar fängt mit trübem und regnerischem Wetter an. Am 9., 10. und 11. ist schönes, liebliches Wetter, dann folgen drei Tage mit Schnee, und darauf ist es sehr kalt. Am 27. beginnt es zu regnen.

März

Bis zum 7. schneit es drei Tage lang, dann herrscht weiter Frost. Am 10. fallen Regen, Hagel und Schnee, gleich darauf friert es wieder bis zum 17. Dann setzt Regenwetter ein.

Nützliche Hinweise für Garten, Landwirtschaft und Gesundheit

Sommeranbau

Der Sommeranbau gedeiht im Mars-Jahr unterschiedlich. Wenn die Gerste zeitig auf gute, frische Felder gesät wird, so wächst sie reichlich und wird auch gut. Wenn sie aber auf sandige oder sonst magere Felder und besonders spät gesät wird, so bleibt sie kurz, treibt nur wenig aus und bringt nur geringen Ertrag.

Es gibt nicht viel, aber guten Hafer; wenn er aber auf gute Felder gesät wird, so gibt es wesentlich mehr.

Bauernregeln

Die Julisonne hat noch keinen Bauern
aus dem Land geschienen.

Einer Reb und einer Geiß
ist's im Juli nie zu heiß.

Wenn's am Magdalenentag (22. Juli) regnet,
wird das Korn im Stadl gesegnet.

Juliregen nimmt den Erntesegen.

Erbsen, Linsen und Wicken sollen auf feuchten Boden gesät werden – so geraten sie noch wohl genug; andernfalls wird wenig daraus. Wenn man Hirse anbauen will, so muß sie in diesem Jahr zeitig gesät werden.

Der Flachs gerät nicht wohl, der Hanf bleibt klein und dünnstengelig, ist aber gut.

Dieses Jahr wächst wenig Heu, und gewöhnlich gibt es auch nicht viel Grummet (zweites Heu). Darum soll man die Schafe zeitig von den Wiesen lassen, wie schon unter »Frühling« gesagt.

Winteranbau

Im Mars-Jahr wächst reichlich guter, vollkommener Roggen, auch wenn er sich nicht sehr gedeihlich garbt. Der Weizen ist mittelmäßig, doch darf man im Frühling keine Schafe darauf hüten.

Herbstsaat

Weil es spät zuwintert, braucht man sich mit der Saat nicht zu beeilen. Es ist in diesem Jahr besser, wenn der Samen obenauf und nicht untergesät wird. Wenn der Samen nicht übermäßig austreibt, soll man keine Schafe darauf hüten lassen.

Obst

Dieses Jahr ist ein mittelmäßiges Obstjahr. Es gibt etwas mehr Birnen als Äpfel, gar wenig Zwetschgen und Kirschen, auch wenig Nüsse und gar keine Eicheln.

Hopfen

Was am Hopfen dranbleibt, ist gut, aber nicht viel. Gefahr droht sowohl im Frühling vom Reif und der scharfen Luft als auch im Sommer vom Hagel.

Bauernregeln

So golden im Juli die Sonne strahlt,
so golden sich der Roggen mahlt.

Eine gute Decke von Schnee
bringt's Winterkorn in die Höh.

Bauernregel

Ein Bauer von der alten Art
trägt seinen Pelz bis Himmelfahrt,
und friert's dann noch und kommt auch Schnee,
trägt er ihn bis Bartholomä (24. August).

Weinbau

Im Mars-Jahr gedeiht oft ein Spitzenwein, wie er in sieben nachfolgenden Jahren nicht mehr wächst. Aber es ist jederzeit Gefahr dabei. Im Stift Bamberg und in Zeil zum Beispiel erfriert er gewöhnlich im rauhen, kalten Frühling, besonders in den höheren Lagen; weiter unten kommt er gewöhnlich davon und wächst im Überfluß.

Wenn es einen nassen Herbst gibt, so wächst zwar kein Spitzenwein, doch jederzeit ein feiner Tischwein. Wäre das Herbstwetter in den Mars-Jahren nicht so unterschiedlich, hätte man jedesmal einen Spitzenwein zu erwarten. Wenn der Weinbau im Frühling den Frost übersteht und der Hagel im Sommer keinen Schaden anrichtet, ist gewiß ein vollkommener Herbst und Wein im Überfluß zu erhoffen. Deshalb versorge man sich rechtzeitig mit Fässern. Nach diesem Jahr kommen noch zwei Weinjahre. Deshalb soll man zwar in diesem Jahr Most kaufen, aber nicht zuviel, wenn kein Spitzenwein gewachsen ist. Denn man kann auch noch in den beiden folgenden Jahren einkaufen.

Wenn das Getreide in diesem Jahr billig ist, sollte man ebenfalls auf Vorrat kaufen. Dies kann allerdings ebenso gut im nachfolgenden Jahr geschehen.

Mit dem Decken der Weinberge sollte man sich zwar nicht sehr beeilen, man darf es aber durchaus nicht unterlassen – sowohl wegen des Glatteises als auch wegen des kalten Winters. Beides würde den Rebstöcken schaden, so daß sie sich in drei Jahren kaum wieder erholen könnten.

Wind, Regen und Gewitter

Dieses Jahr bringt viele große, schwere und gefährliche Gewitter mit Stürmen und Hagelschlägen. Dies schadet nicht nur den Früchten, häufig verursachen einschlagende Blitze auch Feuersbrünste. Es gibt in diesem Jahr aber keine Überschwemmungen.

Bauernregeln

Mairegen auf die Saaten –
dann regnet es Dukaten.

Vor Johanni (24. Juni) bitt um Regen –
nachher kommt er ungelegen.

Juniregen und Brauttränen
dauern so lange wie's Gähnen.

Regnet's am Laurenzitag (10. August),
gibt es große Mäuseplag.

Ungeziefer

Es gibt ungewöhnlich viel Ungeziefer wie Schlangen, Heuschrecken und Schmetterlinge. Es wachsen auch die Würmer im Getreide, wenn es zu dicht liegt und nicht fleißig gewartet wird.

Fische

Es gibt in diesem Jahr mittelmäßig viele Fische.

Krankheiten

Im Mars-Jahr treten häufig die hitzigen Krankheiten auf, manchmal auch Seuchen, brennende Geschwüre, brennendes Fieber, auch das dreitägige Fieber, Geschwüre im Gesicht, Gelbsucht, Fisteln, Karbunkel, Krebs, rote Ruhr und andere hitzige Krankheiten.

Das Jahr der Sonne

...1989
1996
2003
2010
2017...

Das Jahr beginnt
am 21. März
und endet am 20. März
des folgenden Jahres.

Die Sonne

Die liebe Sonne ist das Auge und das Leben der ganzen Welt, klar scheinend und leuchtend, wie jedermann weiß. Sowohl beim Aufgehen als auch beim Untergehen hat sie die Venus neben sich. Sie bewirkt temperierte und trockene Wärme.

Die Sonne ist ihrer Natur nach männlich, mittelmäßig warm und trocken. Sie ist ein gütiger »Planet«, wenn sie gute Aspekte hat, aber ein böser bei ungünstigen Aspekten. Ihr Einfluß macht die Leute safranfarbig und schön, kraus, stark, fromm, großmütig, bedachtsam, ruhig, groß, geehrt und gibt ihnen ein langes Leben, einen gesunden Leib, ein aufrichtiges und gutes Gemüt, königliche Würde, Reichtum und Ehre – mehr als andere Planeten.

Die Sonne ist der Leitstern von Königen, Fürsten, Grafen, Freiherren, Hofherren und aller, die zur Obrigkeit gehören. Sie begünstigt Ehrgeizige, die nach Ruhm und Würden streben, und Großmütige, die über andere zu herrschen begehren.

Im menschlichen Körper sind ihr das Gehirn, die Nerven, das Herz, das rechte Auge der Männer und das linke der Frauen, die Sehnerven und die rechte Seite zugeordnet.

Das Wetter

Das Jahr der Sonne ist von Anfang bis Ende mehr trocken als feucht und insgesamt mittelmäßig warm.

Die vier Jahreszeiten

Frühling

Der Frühling ist temperiert und anfangs ziemlich feucht. Dies trifft besonders auf den April zu, der sehr unterschiedlich und unstet ist. Der Mai ist dann schön und trocken, bringt aber dem Ende zu starken Reif und Frost, der bis weit in den Juni hinein andauert. Deshalb muß man darauf achten, daß die Schafe nicht auf die Saatfelder gehen und soweit wie möglich auch von den Wiesen ferngehalten werden.

Bauernregeln

Sind die Regen um Georgi (23. April) noch blind,
freuen sich Mann, Frau und Kind.

Märzenschnee
tut den Saaten weh.

Sonniger Gertrudentag (17. März)
Freud dem Bauern bringen mag.

Bauernregeln

Sankt Barnabas (11. Juni)
hat das beste Gras.

Gibt's im Juni Donnerwetter,
wird's Getreide um so fetter.

Sommer

Der Juni ist noch nicht vor Reif sicher. Daneben muß mit großer Trockenheit gerechnet werden. Der August ist anfangs ungestüm, danach aber wieder klar und ruhig. Die Tage sind in diesem Sommer heiß, die Nächte aber kühl. Es ist ein überwiegend schöner Sommer, der jedoch mit ungestümem Wetter endet.

Herbst

Der Herbst ist angenehm trocken und schön. Es reift und gefriert frühzeitig, tagsüber aber ist es warm.

Winter

Der Winter ist mehr trocken als feucht und ziemlich – wenn auch nicht übermäßig – kalt. Er beginnt mit rauhem unlieblichem Wetter, doch es wird bald wieder besser. Der Februar läßt sich mit lieblichem Wetter an, endet aber mit großer Kälte, die auch in den März hinein anhält.

Die zwölf Monate

März

Von der Tagundnachtgleiche am 21. bis zum 23. fallen Regen und Schnee. Am 23. herrscht Frost, danach ist es schön bis zum 27. Dann kommt trübes und regnerisches Wetter auf.

April

Der Monat fängt sehr schön an, bis es am 5. regnet, hagelt und danach gefriert. Es wird jedoch bald wieder sehr veränderlich und unstet mit täglich wechselndem Wetter bis zum Ende des Monats – ein recht wunderlicher April.

Mai

Am ersten Tag herrscht Frost, am 2. wird es sehr schön und warm bis zum 22., hin und wieder gibt es Gewitter. Am 22. wird es trüb und regnerisch, es folgen Hagelschläge und kühleres

Bauernregeln

Kühler Mai –
viel Stroh und Heu.

Bringt der Mai viel warme Tage,
wird's Ungeziefer oft zur Plage.

Wetter. Vom 29. bis zum Monatsende gibt es Reif und Frost. Wenn der Wein nicht schon so viel Laub gehabt hätte, wäre alles erfroren.

Juni

Anfangs ist die Luft rauh, und es gibt Reif bis zum 7., dann ist es schön warm bis zum 11., da Wind und Regen aufkommen. Am 13. sowie am 17. und 18. treten Reif und Frost auf, danach wird das Wetter warm und sogar heiß. Gegen Ende des Monats wird es wechselhaft.

Juli

Der Juli beginnt mit kühlem und wechselhaftem Wetter, am 9. gibt es Frühreif. Am 11. beginnt heißes Wetter, das bis zum Ende des Monats anhält. Die Nächte sind jedoch kühl, und es herrscht große Trockenheit.

Bauernregeln

Wer Rüben will, recht gut und zart,
der sä sie an Mariä Himmelfahrt (15. August).

Wenn Sankt Rochus (16. August) trübe schaut,
kommt die Raupe in das Kraut.

Der Tau ist dem August so not
wie jedermann sein täglich Brot.

Wer den August verschläft,
wacht im Winter hungrig auf.

August

Der August beginnt mit warmem Wetter, danach ist es wechselhaft und unlustig bis zum 10., wo schön warmes und klares Wetter einsetzt, das bis zum 29. anhält. Dann ist es bis zum Monatsende ungestüm.

September

Der September fängt mit unlustigem, ungestümem und regnerischem Wetter an. Vom 9. bis 14. ist es schön, danach folgen drei Regentage und wiederum drei schöne Tage. Vom 20. bis 25. regnet es erneut, danach ist es schön. Am 28. gibt es Frühreif. Dann ist es bis zum Monatsende wieder warm.

Bauernregeln

Laubfall an Leodegar (2. Oktober)
kündigt an ein fruchtbar Jahr.

Oktober, der fröhliche Wandersmann,
der pinselt Feld, Wald und Hecken an.

Sind im Oktober die Blätter schon braun,
hockt der Winter auf dem Zaun.

Nichts kann mehr vor Raupen schützen
als Oktobereis in Pfützen.

Oktober

Bis zum 7. herrscht schönes Wetter, dann trübt es sich ein. Der 13., 14. und 15. sind schöne, lustige Tage. Ab dem 16. treten Reif und Frost auf. Am 18., 24., 25. und 26. ist es nachmittags immer schön warm, vom 27. bis zum Ende des Monats trüb und neblig.

November

Der November beginnt mit schönem, lustigem Wetter, bis am 6. Regen fällt. Vom 10. bis 16. schneit es, es folgen drei schöne Tage, und danach herrscht unlustiges Wetter bis zum Monatsende.

Dezember

Bis zum 9. herrscht unlustiges, trübes Wetter mit Nebel und Schnee. Dann ist es bis zum 12. trocken. Es folgt rauhes und frostiges Wetter, bis es am 27. regnet. Am 30. und 31. ist es wieder schön.

Januar

Dieser Monat ist nicht aufgezeichnet worden. Es war aber wahrscheinlich trocken und einigermaßen kalt.

Februar

Der Anfang ist schön und lustig. Vom 12. bis 17. gibt es Schnee und Wind, danach herrscht bis zum Monatsende überaus kaltes Wetter.

März

Der März beginnt mit kaltem Wetter in der Frühe, abends taut es. Am 7. und 8. regnet und schneit es abwechselnd. Vom 9. bis 20. gefriert es hart.

Nützliche Hinweise für Garten, Landwirtschaft und Gesundheit

Sommeranbau

Der Sommeranbau muß zeitig vorgenommen werden. Soweit es sich machen läßt, sollte man untersäen. Gerste und Hafer wachsen danach immer noch spärlich genug, wenn auch mit guten Körnern.

Dieses Jahr wächst gute Hirse, sofern sie zeitig gesät wird. Es wachsen aber wenig Wicken, Linsen und Erbsen, wenn sie nicht in feuchte und fette Felder gesät wurden, auf denen der Mist schon verwest sein muß. Der Flachs ist nicht viel nutz, der Hanf dünn und kurz, aber gut. Heu gibt es nur wenig, deshalb sollte

Bauernregeln

Gibt's im August viel Sonnenschein,
so wird die Ernte reichlich sein.

Oktobermuck
bringt keinen Sommer z'ruck.

man, wie schon gesagt, die Schafe frühzeitig von den Wiesen lassen. Das Grummet (zweites Heu) ist in diesem Jahr unterschiedlich; bisweilen wächst das Notwendigste, bisweilen sehr wenig oder nichts – nämlich dort, wo die Wiesen nicht feucht sind.

Kraut und Rüben können wegen der Trockenheit nicht gut geraten.

Winteranbau

Der Roggen wächst im Sonnen-Jahr vortrefflich. Der Weizen bringt zwar auch gute Körner, der Ertrag ist aber gering. Man sollte es vermeiden, im Frühling Schafe auf die Saat zu lassen.

Herbstsaat

Den Herbstsamen soll man untersäen, damit er im darauffolgenden nassen Frühling nicht ausgewaschen wird. Es ist nicht notwendig, zu zeitig zu säen – doch daß man sich auch nicht verspäte! –, weil es erstmals um den 20. November schneit und der Schnee auch dann noch nicht liegenbleibt. Obgleich er aber schmilzt, steigt das Wasser in den Brunnenquellen nur wenig.

Obst

Dieses Jahr gibt es nicht viele Äpfel, aber mehr Birnen, viele Kirschen und manchmal auch viele Zwetschgen. Ebenso reichlich ist es bei Nüssen und Eicheln.

Hopfen

Obschon der Hopfen sich anfänglich gut anläßt, es wird doch wenig oder gar nichts daraus. Man sollte sich deshalb rechtzeitig mit Vorrat versehen.

Bauernregeln

Wächst das Gras im Januar,
ist's im Sommer in Gefahr.

Wer Hafer sät im Mai,
der hat viel Spreu.

Der Mai bringt Blumen dem Gesichte,
aber für den Magen keine Früchte.

Bauernregeln

Sind die Eicheln schön und trocken,
wächst im Sommer drauf der Roggen.

Wenn der Kuckuck im August noch schreit,
gibt's im Winter teure Zeit.

Weinbau

Wenn im vorigen Jahr kein Spitzenwein gewachsen ist, so wächst er dieses Jahr; denn Mars, Sonne und Venus machen alle sieben Jahre die rechten Weinjahre – und was in dem einen nicht gerät, das gerät in den anderen. Es gibt aber gewöhnlich alle sieben Jahre zwei gute Weinjahre. Manchmal, wenn auch selten, wächst allerdings in sieben Jahren nur einmal ein guter Wein. Die Erfahrung zeigt aber, daß es in sieben Jahren auch drei gute Weinjahre geben kann. Wenn nun im vorigen Jahr nicht genügend Wein eingekauft wurde, so tue man es in diesem Jahr, sofern er wohlgeraten ist.

Im Sonnen-Jahr gibt es gewöhnlich einen halben Herbst. Der Weinstock ist aber im Frühling durch langanhaltenden Frost und Reif gefährdet – es geht fast nie ohne Schaden ab. Im darauffolgenden Jahr wächst aber stets viel Wein. Zum Einkaufen des Tischweins kann man sich bis dahin gedulden. Mit dem Decken der Weinberge braucht man sich nicht zu beeilen.

Bauernregeln

Scheint die Sonne am Urbanstag (25. Mai),
wächst der Wein nach alter Sag.

Bringt der Juni trockne Glut,
dann gerät der Wein uns gut.

Ein tüchtiges Juligewitter
ist gut für Winzer und Schnitter.

Wer sich nicht genügend mit Getreide versehen hat, kann in diesem Jahr, wenn es billig ist, Vorräte einkaufen. Denn im kommenden Jahr gerät das Getreide nicht immer, wenn es nämlich einen trockenen Sommer gibt. Und darauf folgen dann zwei oder drei unfruchtbare Jahre.

Wind, Regen und Gewitter

In diesem Jahr weht meistens der Ost- oder der Nordwind, bisweilen auch der Westwind, der Südwind nur selten. Es gibt viele Gewitter mit Donner, Blitz und Hagel, wodurch alle Früchte sehr gefährdet sind. Es gibt aber keine Überschwemmungen.

Ungeziefer

Es gibt nicht viele Kröten und Schlangen, aber reichlich Heuschrecken. Weil das Getreide sehr gut ist, gedeihen darin die Würmer und fressen es aus.

Fische

Es gibt in diesem Jahr mittelmäßig viele Fische.

Krankheiten

Dieses Jahr gibt es nicht viele Krankheiten. Es können aber auftreten: Ohnmacht, Krämpfe, Herzklopfen, Katarrh, Erkältungen der Leber und des Magens, Geschwüre der Gebärmutter und des Unterleibs.

Das Jahr der Venus

...1990
1997
2004
2011
2018...

Das Jahr beginnt
am 21. März
und endet am 20. März
des folgenden Jahres.

Der Planet Venus

Venus ist ein schöner, weißglänzender Stern. Nach der Sonne und dem Mond kann man sie am häufigsten sehen. Sie vollendet alle Jahre einmal ihren Lauf um die Sonne.

Venus ist ihrer Natur nach feucht und warm, doch weniger als Jupiter. Sie ist von weiblicher Wesensart, ausgeglichen und in allen ihren Aspekten gütig. Man nennt sie *Fortuna Minor* – kleines Glück. Den Frauen verleiht sie Schönheit und langes Haar, ein rundes Gesicht und runde Augen. Ihre Schutzbefohlenen ähneln denen Jupiters, doch neigen sie zu Müßiggang und Wollust.

Zu ihren Günstlingen zählen Jünglinge, Mädchen, Konkubinen, Ehefrauen, Köche, Musikanten, Freunde und Verwandte. Sie macht mild und sanftmütig, barmherzig, freundlich, höflich und elegant. Sie gilt auch als Patronin der Tänzer, Freier, weiblicher Naturen und all derjenigen, die gern lustig und in Gesellschaft sind, sowie der Seidensticker, Bortenwirker, Maler und Poeten.

Im menschlichen Körper sind ihr die weiblichen und männlichen Geschlechtsorgane, Brüste, Lenden, Nieren, Leber, Kehle und Geruchssinn zugeordnet.

Das Wetter

Das Venus-Jahr ist stets mehr feucht als trocken, wenn man das Jahr insgesamt betrachtet. Es ist zudem schwül und ziemlich warm.

Die vier Jahreszeiten

Frühling

Weil die Kälte des vorangegangenen Sonnen-Jahres ziemlich spät abklingt, gibt es einen späten Frühling. Er ist allezeit feucht, durchschnittlich warm und für alle Früchte günstig; bisweilen ist es aber auch so feucht, daß man nicht gut säen kann, insbesondere auf ohnehin nassen Böden. Später Frost ist kaum zu befürchten.

Sobald die Triebe groß genug sind, kann man die Schafe weiden lassen. Sie können auch länger auf den Wiesen bleiben als in anderen Jahren.

Bauernregeln

Trockener März und nasser April
tun's dem Bauern nach seinem Will.

Ein heiterer März
erfreut des Bauern Herz.

Sommer

Wenn die Nässe im Frühjahr nicht allzu groß und andauernd war, folgt im Venus-Jahr üblicherweise ein warmer, schwüler Sommer. In diesen seltenen Fällen wächst ein Spitzenwein. Es ist jedoch eher zu befürchten, daß viel Heu und Getreide auf den Feldern bleibt und verfault. Man sollte deshalb auch die Nachmittage von Feiertagen nutzen, um das Getreide einzubringen.

Wenn im Venus-Jahr ein dürrer Sommer herrscht, so wird darauf das Getreide teuer. Ein dürrer Sommer ist zu erwarten, wenn im Februar, März, April oder Mai eine Sonnenfinsternis zu beobachten war oder wenn im Jahr zuvor ein Komet erschienen ist.

Herbst

Der Herbst ist gewöhnlich warm und schön, er dauert aber nicht lange. Darum ist danach zu trachten, daß die Wintersaat bald

Bauernregeln

Um Michaelis (30. September) in der Tat
gedeiht die beste Wintersaat.

Im November ist hinter jeder Staude
ein anderes Wetter.

Die heilige Kathrein (25. November)
läßt den Winter ein.

Wenn Reif an den Bäumen im Advent sich zeigt,
wird ein fruchtbar Jahr bezeugt.

eingebracht wird. Denn um Mitte November hält für gewöhnlich schon der Winter Einzug, und der Frost kann bis Weihnachten andauern.

Winter

Der Winter ist anfangs leidlich trocken, danach – besonders vom 12. Februar bis zum Winterende – sehr feucht. Es gibt überaus große Regengüsse, die den Häusern, Mensch und Vieh Schaden zufügen.

Merke: Obwohl die großen Wassergüsse nicht immer häufig vorkommen, ist dieser Winter doch stets warm und feucht.

Die zwölf Monate

März

Ab dem 21. friert es, dann ist es bald warm, bald trüb, bald wieder frostig bei rauher Luft, bald herrschen Wind und Regen.

April

Anfangs zeigt sich das Wetter wie Ende März. Am 4. gibt es Schnee, dann wird es wechselhaft, bald schön, bald wieder Regen, Schnee und Wind, im ganzen unbeständig. Am 15. wird es schön, am 21. herrschen rauhe Winde, es folgen Reif und Frost. Am 30. wird es wieder wärmer.

Mai

Am Anfang des Monats ist es schön und warm, am 6. gibt es Gewitter, danach Regen bis zum 17., dann wieder gutes Wetter. Vom 24. bis zum 29. ist die Luft rauh, von da an bis zum Monatsende gibt es schönes warmes Wetter.

Bauernregeln

Am 1. Mai
treibt man die Ochsen ins Heu.

Servatius' (13. Mai) Hund der Ostwind ist –
hat manches Blümlein totgeküßt.

Bauernregel

Wenn der Juni kühl und trocken,
gibt's was in die Milch zu brocken.

Juni

Das schöne und warme Wetter hält sich bis zum 21. Juni, allerdings hin und wieder unterbrochen von Gewitter und Regen, die danach bis zum Monatsende fast täglich auftreten.

Juli

Am Anfang ist der Juli trüb und melancholisch, am 3. und 4. gibt es Frühreif, nachmittags Gewitter und Regen. Danach wird es schön. Ab 10. herrscht wieder Regenwetter bis zum 15. Am 16. und 17. ist schönes Heuwetter, dann regnet es wieder bis zum 24. Nach drei schönen Tagen gibt es vom 27. bis zum 30. wieder Gewitter und viel Regen, der 31. wird dann wieder ein schöner Tag.

August

Anfangs regnet es, der 8. ist dann ein schöner Tag, danach gibt es wieder Regen. Der 14. ist ein Sonnentag, und das schöne warme Erntewetter hält sich bis zum 25. Von da an bis zum Ende des Monats Gewitterregen, erst der letzte Augusttag ist wieder schön.

Bauernregel

Was im September soll geraten,
das muß bereits im Juni braten.

September

Der Monat fängt mit schönem Wetter an, am 3. wird es dann windig und trüb, vom 4. bis 6. fällt Reif. Am 7. ist es schön, am 8. und 9. ungeschlacht, am 10. gibt es Reif und am 11. Regen. Danach herrscht schönes warmes Wetter. Vom 19. bis zum 21. ist es trüb, es fällt etwas Regen. Danach gibt es bis zum Monatsende wieder schönes Wetter.

Oktober

Der 1. ist ein schöner Tag, dann folgen Donner, Blitz und viel Regen. Es bleibt unlustig bis zum 9. Vom 10. bis zum 14. ist es schön warm, am Nachmittag des 14. regnet es, danach gibt es wieder schönes warmes Wetter. Am 28. friert es, am 30. fällt Schnee, am 31. ist es trüb bei Nieselregen.

November

Der Monat beginnt trübe mit rauhen Winden, der 6. und 7. sind schöne, freundliche Tage. Vom 8. an regnet es, ab 11. schneit es jeden Tag ein bißchen bis zum Monatsende. Die letzten Tage sind sehr kalt.

Dezember

Es bleibt kalt, und es fällt jeden Tag Schnee. Am 7. regnet es, vom 9. an beginnt es wieder zu frieren und sich aufzuhellen. Vom 20. bis zum 25. herrscht wieder Regenwetter, danach ist es bis zum Monatsende kalt.

Januar

Es bleibt so kalt wie Ende Dezember, am 7. schneit es, vom 8. bis zum 15. ist es wieder kalt, dann wird es lind, es schneit und regnet bis zum 23. Dann wird es wieder kälter, nur der 30. ist mild.

Februar

Der Monat fängt trübe an, der 4. ist ein schöner lustiger Tag, dann wird es wieder trüb. Am 8. fällt große Kälte ein. Am 12. wird es plötzlich warm mit Regen, so daß aller Schnee schmilzt. Das warme Wetter dauert bis zum 27., danach bis zum Monatsende rauh und wechselhaft mit Frost, Regen und Schnee.

März

Der Monat fängt mit Wärme und Regen an, und dieses Wetter hält sich bis zum 10. Am 11. und 12. gibt es zwei herrlich schöne Fastentage, danach wieder Regen. Am 25. hellt es sich auf, und es bleibt schön und warm bis zum Ende des Monats.

Nützliche Hinweise für Garten, Landwirtschaft und Gesundheit

Sommeranbau

Wenn der Frühling gar zu naß ist und es fast täglich regnet, so sollte der Samen rechtzeitig ins Feld gebracht werden; denn es folgt ein heißer, trockener Sommer, in dem es etliche Wochen nicht regnet. Ist aber der Frühling nicht übermäßig naß, so folgt ein warmer, feuchter Sommer; man braucht sich dann mit der Saat nicht zu beeilen.

Bauernregeln

Ist der Juli schön und klar,
gibt's ein gutes Bauernjahr.

Ist der Juli heiß und schwül,
braucht der Bauer der Hände viel.

Wenn's am Ulrichstag (4. Juli) donnert,
fallen die Nüsse vom Baum.

Sankt Dominik (8. August)
macht die Rüben dick.

Ist nun der Sommer heiß und trocken, so bleiben die Sommerfrüchte sehr zurück.

Ist er aber feucht, wie er gewöhnlich zu sein pflegt, so geraten alle Sommerfrüchte im Überfluß; es kommt aber darauf an, wie man sie ohne Schaden einbringt.

Wenn man nun im Frühling sieht, daß es nicht alle Tage regnet, dann soll man die Hülsenfrüchte wie Wicken, Erbsen und Linsen auf magere Felder säen, sonst wachsen sie zu sehr aus und faulen.

Wenn es einen trockenen Sommer gibt, wird nicht viel Tüchtiges aus Flachs und Hanf; sonst aber – wie es gewöhnlich der Fall ist – gerät beides sehr wohl.

Im Venus-Jahr wächst stets viel Heu, auch Grummet (zweites Heu) gibt es genug – es sei denn, daß der Sommer trocken war; dann bleibt es zurück.

Winteranbau

Das Venus-Jahr mag sein wie es will – Roggen und Weizen werden viel Stroh haben, aber selten gutes. Besseres gibt es nur, wenn man die Felder im Frühling abhüten läßt. Man muß sehr achtgeben, wenn man das Getreide unverfault und unausgewachsen einbringen will.

Herbstsaat

Im Herbst soll man zeitig säen – wegen des zeitigen Winters, der darauf folgt. Wegen der starken Regengüsse, die in der Mitte und gegen Ende des Winters fallen, sollte der Samen untergesät werden, damit er nicht ausgewaschen wird.

Bauernregeln

Wenn's schön ist auf Jakobitag (25. Juli),
viel Frucht man sich versprechen mag.

Im Märzen kalt mit Sonnenschein
das wird 'ne gute Ernte sein.

Auf harten Winters Zucht
folgt gute Sommerfrucht.

Obst

Im Venus-Jahr gibt es unterschiedlich viel Obst. Wenn der Frühling übermäßig naß ist, so gedeiht von allem gar wenig. Ist er aber temperiert – wie er im allgemeinen zu sein pflegt –, so wachsen viele Kirschen, Zwetschgen und Äpfel, aber nicht besonders viele Birnen. Es gibt dann auch genügend Nüsse, aber keine Eicheln, auch wenn sie im Frühling blühen. Kirschen und Weichselkirschen wachsen immer.

Hopfen

Es wächst viel und ziemlich guter Hopfen. Weil er billig ist, sollte man auch für das kommende Jahr einkaufen, in dem er nicht so gut gerät.

Weinbau

Das Venus-Jahr hat einen vollkommenen Herbst. Die Trauben faulen aber unter diesem Planeten mehr als unter allen anderen. Vom Frost droht dem Wein jedoch weder im Frühling noch im Herbst Gefahr. Daß er im Jahre 1626 erfroren ist, haben die Hexen und Unholde getan.

Wächst in diesem Jahr kein Spitzenwein, so doch ein trefflich guter Tischwein. Es wächst auch unter keinem Planeten ein so gesunder Wein wie unter der Venus.

Die Weinberge müssen zeitig gedeckt werden. Denn nach Martini (11. November) kann man nicht mehr in die Erde kommen.

Was du in den zwei vergangenen Jahren beim Weineinkauf versäumt hast, das laß dir jetzt nicht entgehen; denn die drei folgenden Jahre sind schlechte Weinjahre, von denen kein guter Trunk zu erwarten ist. Kaufst du nicht im Herbst, so tu es in der

Fastenzeit oder im Frühling, wo es zwar aussieht, als folge wieder ein gutes Weinjahr – aber die Hoffnung ist vergebens.

Man versorge sich auch ausreichend mit Getreidevorräten.

Wind, Regen und Gewitter

Das Venus-Jahr hat sehr viele, fast tägliche große Gewitter, die zwar keine Brände verursachen, aber starke Wolkenbrüche und Überschwemmungen, die den Brachfeldern sehr schaden.

Ungeziefer

Dieses Jahr hat es sehr viel Ungeziefer wie Kröten, Schlangen, Schmetterlinge und Heuschrecken. Im Sommer und im Herbst gibt es sehr viele Mäuse, die nicht nur den Früchten auf dem

Bauernregeln

Ende Jänner viel Muckentanz
verdirbt die Futterernte ganz.

Wenn schwer im Juli die Ameisen tragen,
sie einen frühen Winter ansagen.

Die Erde muß ihr Bettuch haben,
soll sie der Winterschlummer laben.

Felde, sondern vor allem auch dem unausgedroschenen Getreide in den Scheunen großen Schaden zufügen. So wachsen auch die Würmer häufig in dem Getreide auf dem Speicher.

Fische

Fische gibt es im Venus-Jahr genug, aber nicht sehr viele Lachsforellen.

Krankheiten

Dieses Jahr treten allerlei Krankheiten auf, die sich an den Geschlechtsorganen von Mann und Frau zeigen. Ebenso findet man Schwäche der Leber und des Magens, die kalter und feuchter Materie entstammen, sowie französische Krankheiten, Durchfall, Erkältung des Magens, außerdem innere Geschwüre und Seitenstechen. An vielen Orten treten Seuchen auf.

Das Jahr des Merkur

...1991
1998
2005
2012
2019...

Das Jahr beginnt
am 21. März
und endet am 20. März
des folgenden Jahres.

Der Planet Merkur

Merkur ist ein kleiner, glänzender, aber nicht weiß scheinender Stern – allezeit bei der Sonne. Er ist von veränderlicher und unbeständiger Natur. Mit guten Konjunktionen und Aspekten ist er gut, mit bösen bös, mit männlichen männlich, mit weiblichen weiblich, mit glücklichen glücklich, mit unglücklichen unglücklich, mit feuchten feucht, mit hitzigen hitzig. Er vollendet jährlich einmal seinen Lauf um die Sonne.

Seine eigene Natur ist jedoch kalt und trocken. Den Menschen, die er unter sich hat, macht er lange Finger und gibt ihnen eine unbeständige Natur. Sie erdenken immer etwas Neues und kommen nie zur Ruhe, sie sind arglistig und verschlagen, halten gern hinterm Busch und können nicht offenherzig sein.

Unter der Regentschaft Merkurs stehen die jüngeren Brüder und Knechte, alle, die einen guten Verstand haben, Philosophen, Mathematiker, Schreiber, Kanzler, Kaufleute, Bildhauer und allerlei kunstfertige Meister, Verschmitzte, Betrügerische, Unbeständige, Vorwitzige, Fleißige. Merkur verleiht Reichtum, der durch Kunst und Kaufmannschaft erworben wird.

Im menschlichen Körper sind ihm das Gehirn, die Hirnnerven und das übrige Nervensystem, das Gedächtnis, die Vorstellungskraft, die Zunge, die Hände und Finger, die Galle und die Knochen zugeordnet.

Das Wetter

Das Merkur-Jahr ist im ganzen mehr trocken als feucht und insgesamt auch mehr kalt als warm. Es ist nur selten fruchtbar.

Die vier Jahreszeiten

Frühling

Der ausgehende März ist warm, die Wiesen fangen an zu grünen. Aber der April ist gleich anfangs bis gegen den 24. trocken, kalt und ungeschlacht, danach schön lieblich und warm. Der Mai hat nach dem Anfang etliche rauhe Tage, danach ist es bisweilen warm und schön. Öfter aber ist der Frühling in der zweiten Hälfte überwiegend kalt und rauh, so daß sowohl der Wein als

Bauernregeln

Märzenblüte ist ohne Güte.

Wer an Christian (3. April) säet Lein,
bringt schönen Flachs in seinen Schrein.

Sankt Ambrosius (4. April)
man Zwiebeln säen muß.

Mai ohne Regen –
fehlt's allerwegen.

auch der Winterbau gefährdet sind und die Blüte erfrieren kann. Auch die Gartenfrüchte können sich in solchen Jahren nicht recht entwickeln.

Sommer

Im Sommer fällt ziemlich viel Regen, von dem die Erde jedoch nicht recht erquickt wird. Es gibt zwischen den Regenzeiten immer wieder schöne Tage, so daß Heu und Getreide eingebracht werden können. Man muß jedoch jede Gelegenheit nutzen und darf nicht zu lange warten.

Herbst

Der erste Teil des Herbstes bringt viel Regen, Frühreif und Frost. Wenn aber die Hälfte des Oktobers vorüber ist, beginnt endlich schönes, trockenes Wetter, das bis zum Beginn der Adventszeit andauert. Nur ab und zu gibt es ein wenig Regen. Man braucht sich deshalb weder mit der Weinlese noch mit der Herbstsaat sehr zu beeilen.

Winter

Nach dem angenehmen, schönen Herbst kommt der Winter Anfang Dezember sehr plötzlich. Es schneit zuerst auf den feuchten Boden und friert dann zu. Große Kälte und Schnee bleiben bis in den Februar, der sich etwas lind anläßt. Um die Mitte dieses Monats schneit es aber wieder zu, und bis gegen den 4. März herrscht große Kälte. Dann wird es etwas milder, aber es schneit gleich wieder, auch die Kälte setzt erneut ein und dauert bis Ende März. Um diese Zeit kommen auch Sturmwinde auf. Man muß rechtzeitig genügend Futter herbeischaffen.

Bauernregeln

Ist der Winter warm,
wird der Bauer arm.

Christmond naß – leere Scheunen, leeres Faß.

Besser die Weihnacht knistert,
als daß sie flüstert.

Die zwölf Monate

MÄRZ

Vom 21. an fällt warmer Regen, am 25. hellt es sich auf, es wird sehr schön und warm. Am 31. ist es kühl.

APRIL

Bis zum 24. ist es durchweg kalt, trocken und ungeschlacht. Durch die grimmige Kälte sind am 16. und 17. der Rosmarin und die kölnischen Nelken im Garten erfroren. Vom 24. bis zum Monatsende herrscht lieblich schönes und warmes Wetter.

MAI

Das schöne warme Wetter dauert bis zum 5., dann ist es drei Tage lang windig und rauh. Vom 8. bis 18. ist es warm und trocken. Die große Hitze beeinträchtigt das Wachstum der

Pflanzen. Die Trockenheit dauert bis zum 24., am 20. gibt es jedoch Frost. Der 24. ist ein schöner warmer Tag. Von da an bis zum Monatsende ist eine herrlich schöne und trockene Zeit.

Juni

Der Juni fängt schön an. Vom 3. bis zum 9. regnet es, danach gibt es Frühnebel, aber schöne Tage bis zum 13. Dann fällt Regenwetter ein, das bis zum 22. dauert. Der 23. ist zunächst schön, doch dann kommen Gewitter und Regen auf. Vom 24. bis zum Monatsende ist eine schöne Zeit mit einer herrlichen Wein- und Weizenblüte.

Juli

Der Juli beginnt mit großer Hitze. Am 4. und 5. gibt es mächtige Gewitter und Regen. Am 6. und 7. ist Heuwetter, vom 8. bis zum 12. Regenwetter. Es folgt ein einziger schöner Tag und dann bis zum 21. wieder Regenwetter. Bis zum 27. ist es dann am Tage schön, nachts aber kühl. Es gibt Reif. Am 27. und 28. kommt es zu Gewittern und Regenfällen, anschließend ist es bis zum Monatsende sehr warm.

August

Zu Anfang des Monats herrscht große Hitze. Am 4. fällt Regenwetter ein, das mit ungewöhnlich starken Sturmwinden einhergeht und bis zum 12. andauert. Nach diesem schönen Tag herrscht bis zum 20. wieder unstetes Wetter. Der 21. ist erneut ein schöner Tag, danach regnet es bis zum 26. Bis zum Monatsende ist es dann recht schön und warm.

September

Anfangs dauert das schöne Wetter an, am 3. und 4. folgt starker Regen. Danach ist es schön bis zum 9., wo ein großes Gewitter niedergeht. Anschließend gibt es bis zum 20. wieder ziemlich schönes Wetter, dann wird es unbeständig. Am 29. fällt starker Regen ein, der bis zum Monatsende anhält.

Bauernregel

Durch des Septembers heitren Blick
schaut noch einmal der Mai zurück.

Oktober

Der Oktober beginnt mit Regen, der 7. und 8. sind zwei schöne warme Tage, vom 9. bis 14. ist es trüb, warm und regnerisch, am 14., 15. und 16. wieder schön. Danach fällt bis zum 23. viel Regen, dann folgt wieder eine schöne Zeit. Vom 29. bis zum Ende des Monats ist es neblig und trüb.

November

Der November fängt mit schönem Wetter an. Am 4. und 5. kommt starker Wind auf. Es folgen zwei Regentage, und danach ist es bis zum 16. wieder schön, nur bisweilen neblig und trüb. Am 16. fällt Frost ein, und es bleibt bis zum 27. teils trüb, teils wieder frostig. Bis zum Monatsende schließt sich dann Regenwetter an.

Bauernregeln

Je tiefer der Schnee,
um so höher der Klee.

Wer sein Holz nach Weihnacht fällt,
dessen Haus dann zehnfach hält.

Dezember mild mit viel Regen –
so hat das nächste Jahr wenig Segen.

Dezember

Am 1. fällt auf den nassen Erdboden viel Schnee – es wintert plötzlich zu. Es folgen drei ungestüme Tage mit starkem Wind. Am 5. fällt wieder reichlich Schnee, am 6. hellt es sich auf, und es wird grausam kalt. Erst am 20. gibt es wieder mildes Wetter mit Regen, so daß der Schnee schmilzt. Am 29. schneit es jedoch erneut zu, worauf grimmige Kälte folgt.

Januar

Die grimmige Kälte dauert fast den ganzen Monat über an, es regnet oder schneit kein einziges Mal, man spürt keinen Windhauch. Erst am 30. kommt Wind auf, es nieselt und wird milder.

Februar

Der Februar ist anfangs trüb und lind, vom 4. bis 6. trüb und kalt. Der 7. ist ein schöner, lieblicher Tag, es folgen aber gleich wieder Regen und starker Wind. Am 13. schneit es wieder zu, und es kommt große Kälte auf, die bis zum 3. März anhält.

März

Nach dem starken Frost regnet es am 4. heftig. Am 5. schneit es abends wieder zu, und bis zum 20. herrscht erneut große Kälte.

Nützliche Hinweise für Garten, Landwirtschaft und Gesundheit

Sommeranbau

Aller Sommeranbau außer der Hirse gerät ziemlich gut. Es ist besonders ein gutes Gerstenjahr, wobei die erste und die letzte Saat am besten geraten. Hafer, Wicken, Erbsen und Linsen wollen dieses Jahr in mittelmäßige Felder gesät werden, die nicht zu trocken und nicht zu naß, auch nicht gar zu fett sind. Kraut und gelbe Rüben geraten wohl. Die Raben (eine Schneckenart von glänzend schwarzer Schale) fügen dem Kraut in diesem Jahr wenig Schaden zu, aber andere Schnecken machen sich daran.

Das Jahr bringt auch genügend und gutes Heu. Wenn der Sommer im vergangenen Venus-Jahr trocken war, so wächst jetzt im Merkur-Jahr viel Grummet (zweites Heu), das auch gut

Bauernregeln

Was der Juli verbricht,
rettet der September nicht.

An Sankt Afra (7. August) Regen
kommt dem Bauern ungelegen.

einzubringen ist, wie spät es auch immer geschieht. War der vergangene Sommer aber feucht, so wächst dieses Jahr wenig oder gar kein Grummet.

Die weißen Rüben fressen die Schnecken ab. Hanf und Flachs sind gut, aber der Hanf bleibt klein und kurz und wiegt nicht schwer.

Winteranbau

Der Winteranbau ist unterschiedlich: Wenn der Sommer des vorigen Jahres warm und trocken war, so gibt es in diesem Jahr bei Weizen und Roggen viel Stroh und wenig Körner. Es wächst auch viel Unkraut in den Getreidefeldern. Ist der vorige Sommer aber feucht gewesen, so gibt es wenig Stroh, aber viele und gute Körner. Roggen und Weizen sind jedoch zur Blütezeit durch das Wetter gefährdet. Man sollte wünschen, daß es gut abgehe, und auch dafür beten.

Herbstsaat

Die erste und die letzte sind die besten, die mittlere fressen die Schnecken weg. Die erste Saat kann im Winter oder im Frühling von den Schafen abgehütet werden, die letzte aber nicht. Wegen der großen und langanhaltenden Kälte im folgenden Winter sollte untergesät werden.

Obst

Das Obst gerät dieses Jahr unterschiedlich: An manchen Orten wächst viel, an manchen mittelmäßig, an manchen gar nichts. Kirschen, Weichselkirschen und Zwetschgen wachsen aber überall. Es gibt viele Walnüsse, auch viele Eicheln und ziemlich viel Bucheckern.

Hopfen

Hopfen wächst bei uns nicht viel. An anderen Orten gibt es jedoch reichlich, wenn auch nicht sehr kräftigen Hopfen. In Böhmen gerät er entweder sehr gut, oder er schlägt ganz um.

Weinbau

Der Wein gerät unter dem Merkur sehr selten – etwa in fünfzig oder sechzig Jahren einmal wie in den Jahren 1599 und 1655, sonst ist er immer umgeschlagen. Obgleich er sich im Frühling gut anläßt, so wird doch selten etwas Gutes daraus. Es gibt nur wenig und sauren Wein wie 1641 und 1662 und auch sonst immer. Wenn man sich noch nicht mit genügend Wein versorgt hat, so tue man es, ehe der Wein verblüht – ehe man also sieht, was daraus wird. Denn er wird kräftig aufschlagen, und es folgen nach diesem noch zwei schlechte Weinjahre unter Mond und Saturn und oft noch ein drittes unter Jupiter.

Wenn im Merkur-Jahr in den Monaten Februar, März, April oder in der ersten Maihälfte eine Sonnenfinsternis zu sehen ist, so kann man auf einen guten Herbst hoffen, sonst aber nicht. Weil es im Dezember gleich am Anfang zuwintert, kann man sich mit dem Decken der Weinberge leicht danach richten.

Bauernregeln

Vinzenz (22. Januar) im Sonnenschein
bringt viel Korn und Wein.

Bringt Martina (30. Januar) Sonnenschein,
hofft man auf viel Korn und Wein.

Ein guter Mai fürwahr
ist der Schlüssel zum ganzen Jahr.

Solange der Kuckuck schreit,
fürchte die Trockenheit.

Was die Hundstage gießen,
muß die Traube büßen.

Wind, Regen und Gewitter

Meistens weht in diesem Jahr der Ostwind, manchmal der Westwind, selten aber der Nordwind. Bisweilen geht im Sommer ein Wolkenbruch nieder, der die Wiesen verschlammt, aber das ist selten. Es gibt im Merkur-Jahr fast gar keine oder doch nur wenige Gewitter und diese meistens gegen Ende des Sommers.

Ungeziefer

Im Herbst gibt es viele Mäuse. Wo die Würmer nicht schon vorher sind, finden sich dieses Jahr keine im Getreide. Im Frühling gibt es viele Frösche, im Sommer wenige, außerdem Heuschrecken, Schlangen und Schmetterlinge. Im Herbst treten viele Schnecken auf, die nicht nur den Samen abfressen, sondern auch Rüben und Kraut angehen.

Fische

Im Sommer gibt es wenig Fische in den Flüssen, im Herbst mehren sie sich. Es gibt auch reichlich Lachsforellen; im Teich wachsen sie allerdings nicht recht.

Krankheiten

Die Krankheiten lassen sich in diesem Jahr nur langsam kurieren. Sie treten meistens im Frühling und im ausgehenden Herbst auf. Weil der Merkur ein Regent des Gehirns ist sowie der leiblichen Geister, des Gedächtnisses, der Vorstellungskraft, der

Bauernregeln

Christmond im Dreck
macht der Gesundheit ein Leck.

Kalte Füße im August:
Schaden bringt's für Hals und Brust.

Am Essen sind viel mehr verdorben
als je am Hunger gestorben.

Zunge, der Hände und der Finger, der Galle, der Knochen und der Gehirnnerven, so folgen daraus folgende Krankheiten: geistige Verwirrung, Beraubung der Sinne, Schlafsucht, Wahnsinn, Stottern und andere Sprachstörungen, Heiserkeit, Fallsucht, Husten, übermäßiger Speichelfluß, Verstopfung der Galle, Aufstoßen des Magens, Würgen und Erbrechen, Ausflüsse, die aus einem Übermaß an Feuchtigkeit im Kopf entstehen, und allerlei melancholische Krankheiten; außerdem vor allem das Zipperlein.

Im Herbst bricht im Merkur-Jahr fast jedesmal eine Seuche unter dem Vieh aus, besonders unter dem Rindvieh. In manchen Städten und Dörfern sterben viele Tiere, in anderen sterben sie zwar nicht, werden aber sehr schwach, und vom Fieber häutet sich ihnen die Zunge. Im Winter sterben viele Schafe.

Das Jahr des Mondes

…1992
1999
2006
2013
2020…

Das Jahr beginnt
am 21. März
und endet am 20. März
des folgenden Jahres.

Der Mond

Der Mond ist von angenehmer Farbe und von wechselnder Gestalt – eine Zierde der Nacht, eine Mutter des Taus und ein Spender von Feuchtigkeit, ein weiblicher »Planet«. Er vollendet seinen Lauf um die Erde alle achtundzwanzig Tage, sieben Stunden und dreiundvierzig Minuten. Er wird zu den *Fortunas* – den Glücksbringern – gezählt.

Der Mond ist seiner Natur nach kalt und feucht, doch ist auch ein wenig Wärme dabei. Unter seinem Einfluß stehende Menschen sind arbeitsam, aber unbeständig.

Zu seinen Schutzbefohlenen gehören Seeleute und Menschen, die gern reisen und im Leben unbeständig sind, außerdem Königinnen, Witwen, Mütter und Ehefrauen sowie das einfache Volk und die Verzagten. Unter seiner Herrschaft stehen auch Menschen, die in ständiger Bewegung sind – Postreiter, Boten, Gesandte, Vagabunden, Fischer –, sowie alles, was viel Feuchtigkeit besitzt – das Meer, die Flüsse und dergleichen.

Dem Mond sind im menschlichen Körper das Gehirn, das linke Auge der Männer und das rechte der Frauen, der Magen, der Bauch, die linke Seite, das Gedärm, die Blase, der Geschmackssinn, die Geburtsorgane und die Leber der Frauen zugeordnet.

Das Wetter

Das Jahr des Mondes ist insgesamt mehr feucht als trocken. Es ist auch mehr kalt als warm, weil der Sommer zwar manchmal heiß sein kann, meistens aber kalt ist.

Die vier Jahreszeiten

Frühling

Der Frühling ist sehr feucht und daneben warm, doch gibt es zwischendurch auch Frost. Der ganze März ist kalt, der April von Anfang bis gegen den 14. verregnet – auch an schönen warmen Tagen geht zwei- oder dreimal Regen nieder. Es folgen einige rauhe und kalte Tage, danach ist es wieder schön, bis gegen Ende des Monats erneut viel Regen fällt. Merke: Wenn um diese Zeit wenig Regen fällt, so kommt er im Juni oder Juli desto mehr.

Der Mai ist von Anfang bis gegen den 16. sehr schön mit großer Hitze, doch etwas Regen. Darauf folgt große Kälte mit Hagel, Reif und Eis bis gegen den 25., danach wieder kalte Regenfälle. Der Juni ist sehr schön, bisweilen aber von Regen unterbrochen.

Sommer

Der Sommer ist manchmal sehr warm, doch er kommt spät und dauert nur kurz. Öfter aber ist er kalt und bis nach Bartholomäus (24. August) naß und sehr kalt. Ebenso beginnt auch der September, der vom 7. bis 14. starken Reif und Frost bringt und im übrigen bald feucht, bald schön warm ist. Merke: Wenn im Venus-Jahr, das zwei Jahre vor dem Mond-Jahr liegt, der Sommer trocken gewesen ist, so ist dieser jetzt sehr feucht mit täglichem Regen bis Ende August. Ist er aber feucht gewesen, so ist er in diesem Jahr auf sechs oder sieben Wochen schön, besonders wenn es im Frühling eine Sonnenfinsternis gegeben hat.

Herbst

Der Herbst ist kalt und anfangs feucht und unbeständig. Vom 14. Oktober an wird er sehr kalt, es friert beständig mit einzelnen Schneefällen und etwas Regen. Der November fängt mit starkem Regen an, danach friert es. Ab Mitte des Monats wird das Wetter milder, gegen Ende wintert es zu.

Winter

Der Winter ist anfangs mittelmäßig kalt, danach sehr feucht und regnerisch. Der Dezember bringt bald Schnee, darauf große Regengüsse. Nach dem 20. ist es ziemlich kalt, aber trüb bis

Bauernregeln

Bleiben die Schwalben lange,
sei um den Winter nicht bange.

Trägt's Häschen lang sein Sommerkleid,
so ist der Winter auch noch weit.

gegen den 12. Januar. Danach wird es etwas milder, doch folgt wiederum Kälte bis gegen den 25., wo erneut große Regengüsse niedergehen. Es wird dann bald wieder kälter, bis nach dem Anfang des Februar wieder heftiger Regen niedergeht, dem starke Schneefälle und nach etlichen Tagen noch einmal Regengüsse folgen. Vom 17. an fällt mildes Wetter ein mit einigen schönen warmen Tagen bis zum Ende des Monats. Der März ist anfangs rauh und kalt, danach viele Tage lang sehr warm und am Ende klar, kalt und rauh. In diesem Winter sterben viele Schafe und auch die Bienen.

Die zwölf Monate

März

Am 20. herrscht rauhes Wetter und Sturmwinde, und das hält bis zum 29. an. Am 30. fällt Regen.

April

Vom 1. bis zum 9. ist es windig und trüb mit Regen. Der 10. und 11. sind schöne warme Tage, am 12. und 13. regnet es stark, vom 14. bis 20. ist es rauh und kalt. Vom 21. bis 25. ist das Wetter schön, aber etwas windig. Vom 26. bis zum Monatsende fällt Regen.

Mai

Der Monat fängt mit einer herrlich schönen, warmen Zeit an, bis zum 9. herrscht sehr große Hitze wie in den Hundstagen. Vom 10. bis zum 13. regnet es, der 14. und 15. sind wieder schöne Tage. Am 16. fällt Regen, danach ist es kalt. Am 23. hat es viermal gehagelt, und es war sehr kalt. Am 24. gibt es Reif und Frost, vom 25. bis 27. starken Regen. Der 28. und 29. sind kalt, der 30. und 31. schön warm.

Juni

Der Juni fängt mit herrlich schönem Wetter an, das bis zum 4. dauert. Am 5. ist es sehr neblig, am 6. fällt starker Regen, danach gibt es schönes warmes Wetter, bis zum 27. fällt nur zweimal ein wenig Regen. Am 28. und 29. regnet es, der 30. hat eine sehr kalte Nacht.

Juli

Der Monat beginnt am 1. mit Nebel, vom 2. bis 5. herrscht unbeständiges Wetter mit Regen, vom 7. bis 13. ist es windig,

Bauernregeln

An Sankt Kilian (8. Juli)
säe Wicken und Rüben an.

Klar muß Apollinaris (23. Juli) sein,
soll sich der Bauer der Ernte freun.

kühl und bewölkt mit Sonnenschein. Am 14. geht ein großer Platzregen nieder, danach ist es schwül und schön warm bis zum 31., an welchem Tag es zwei Stunden regnet.

August

Bis zum 8. ist es schön und sehr warm, am 9. und 10. ist es regnerisch und trüb. Vom 12. bis 20. herrscht große, unleidliche Hitze, vom 22. bis 26. Regenwetter. Vom 27. bis zum Monatsende ist es schön und heiß.

September

Bis zum 6. ist es schön und warm. Am 7. hat es früh so stark gereift, daß das Gras gefroren war, und das blieb so bis zum 13., wo es friert. Am 14. regnet es stark, der 15. und 16. sind schön. Am 17. fällt den ganzen Tag über Regen, danach ist es bis zum 21. schön. Bis zum Monatsende herrscht dann trübes Wetter mit Regen.

Bauernregeln

Bringt der Oktober viel Regen,
so ist's für die Felder ein Segen.

Ab Sankt Hedwig und Sankt Gall (16. Oktober)
schweigt der Vögel Sang und Schall.

Oktober

Bis zum 13. ist es unbeständig, vom 14. bis 22. sehr kalt, es herrscht durchgehend Frost. Am 23. und 24. fällt ein wenig Regen, aber es gefriert auch etwas. Am 26., 27. und 28. fallen immerfort Regen und Schnee. Am 29. und 30. ist es kalt und gefroren, am 31. gibt es erneut Regen.

November

Vom 1. bis 5. fällt starker Regen, vom 6. bis 20. ist es klar und kalt, es friert – nur am 12. gab es morgens Glatteis und abends Nebel. Vom 21. bis 28. ist es lind, am 29. gefriert es stark und wintert zu.

Dezember

Am 1. ist es kalt, am 3. fällt Schnee. Vom 4. bis 10. geht steter und kräftiger Regen nieder. Vom 13. bis 19. ist es trüb ohne Regen und warm. Am 20. fällt ziemlich viel Schnee. Vom 21. bis zum Ende des Monats ist es recht kalt und mehr trüb als klar.

Januar

Das Wetter von Ende Dezember dauert bis zum 11. an, dann ist es vom 12. bis 18. trüb und mild. Am 19. setzt harter Frost ein, und es bleibt bis zum 24. kalt und klar. Am 25. fängt es an zu regnen, es taut. Der 27. und 28. bringen große Regengüsse, danach ist es bis zum Monatsende still bei leidlicher Kälte.

Februar

Am 1. herrscht großer Wind, am 2. und 3. gibt es Regengüsse. Vom 4. bis 10. ist es trüb und mild, bisweilen nieselt es. Am 12. und 13. weht ein grausamer Wind, am 14. schneit es stark. Am 15. und 16. nehmen Wind und Regen den Schnee wieder fort, es gehen starke Güsse nieder. Vom 17. bis 19. ist es trüb, warm, windig und regnerisch. Der 20. und 21. sind zwei schöne Fastentage. Der 22. und 23. sind etwas rauh und windig, vom 24. bis zum Ende des Monats gibt es herrlich schöne Tage.

März

Vom 1. bis 5. ist es rauh, windig und ziemlich kalt. Am 6. nachmittags wird es dann warm wie im Sommer, und dieses Wetter hält bis zum 9. und 10. an, wo kalter Regen fällt. Der 11. bis 16. sind schöne Tage mit etwas Wind. Vom 17. bis 24. ist es morgens immer gefroren, dabei ist es klar und rauh.

Nützliche Hinweise für Garten, Landwirtschaft und Gesundheit

Sommeranbau

Wenn dieses Jahr einen heißen Sommer hat, darf man sich mit der Aussaat der Sommerfrucht nicht verspäten. Man braucht sich aber auch nicht mit Gewalt zu beeilen, weil die Hitze erst spät einsetzt. Die Gerste und der Hafer geraten mindestens mittelmäßig, ebenso Wicken, Linsen und Erbsen. Das gilt auch für die Hirse, die oft sogar sehr gut gerät, wenn sie auf einem ihr zuträglichen Feld nicht zu spät und nicht zu früh gesät wird.

Weißkraut, Wirsing und anderen Kohl fressen die Raben (schwarze Schnecken), von denen es in diesem Jahr ungewöhnlich viele gibt. Sie fallen auch über die weißen Rüben her, die es ohnedies nur spärlich gibt.

Dies alles gilt für den Fall, daß der Sommer in diesem Jahr warm ist. Wenn der Sommer bis in den Herbst hinein sehr naß sein sollte, gibt es viel Gerste, aber die Wicken faulen ab und werden nicht reif. Hanf und Flachs geraten dann sehr schlecht und taugen nichts.

Heu wächst genug, aber wenig Grummet (zweites Heu). Man soll sich mit Heu versorgen, denn im folgenden Jahr wächst sehr wenig Heu und bisweilen auch wenig Sommerstroh.

Auch wenn der Sommeranbau gut wächst, so wird doch nicht viel daraus wegen der großen Nässe im August. Wenn der ganze Sommer kalt und naß ist, wächst im folgenden Jahr wenig Heu, auch Sommer- und Winteranbau bleiben dann spärlich. Deshalb muß man sich in diesem Jahr einen guten Vorrat an Heu und Stroh verschaffen.

Winteranbau

Die Felder des Winteranbaus und besonders die Kornfelder sollen, wenn im Herbst zeitig gesät worden ist und die Triebe schon merklich groß sind, mit den Schafen abgehütet werden. Sonst wird die Frucht zu fett und gibt nur wenig aus – es gibt viel Stroh und wenig Körner.

Regel: Wenn der Weizen im Mai schön steht und gut wächst, so wird in diesem Jahr nichts daraus, denn er wird zu fett – lauter Unkraut – und legt sich.

Herbstsaat

Im Herbst soll man so früh wie möglich säen, es wird aber dennoch nicht viel fruchten. Denn im kalten Winter bleibt alles zurück, und der Winter kommt sehr früh. Man lasse keine Schafe auf die Felder, sonst bleibt wenig oder gar nichts.

Bauernregeln

Später Septemberregen
kommt Saat und Vieh gelegen.

Wer an Lukas (18. Oktober) Roggen streut,
es im Jahr drauf nicht bereut.

Man soll allen Samen, soweit es sich machen läßt, untersäen, sonst wird er im Winter durch die häufigen Regenfälle weggeschwemmt.

Wenn nicht zeitig gesät wird, ist der Winteranbau im folgenden Jahr nicht gut einzubringen, da Anfang August ausgiebig Regenwetter einsetzt.

Obst

Äpfel und Zwetschgen gibt es mancherorts im Überfluß, anderswo wenig, doch überall etwas. Birnen gibt es an allen Orten wenig, Kirschen dagegen genug. Weichselkirschen wachsen wenige. Es gibt keine Eicheln, aber viele Bucheckern, wenn auch nicht immer.

Hopfen

Der Hopfen gerät mittelmäßig. Er leidet gewöhnlich Schaden durch Wildtau und Hagelschläge, die beide im Frühling häufiger auftreten als im Sommer. Wenn du willst, daß dir der Wildtau –

Bauernregeln

Wenn der April stößt rauh ins Horn,
dann steht es gut um Heu und Korn.

Nach der Sonnenwende
wächst das Getreide auch nachts.

und größtenteils auch der Hagel – am Hopfen keinen Schaden anrichtet, so laß die ersten Reben alle wegschneiden, wenn sie annähernd ellenlang sind. Es wachsen dann etwas später andere nach, und es gibt Hopfen genug. Er gerät auch besser, als wenn die ersten Reben bleiben.

Im Saturn-Jahr und im Mars-Jahr wird es etwas weniger Hopfen geben, doch ist er dann sicherer vor Hagel und Wildtau.

Weinbau

Wein wird es dieses Jahr nicht viel geben, höchstensfalls – und auch das nur selten – halb so viel wie gewöhnlich. Es ist auch nur ein einfacher Tischwein, meist ziemlich sauer. 1656 ist im Mond-Jahr noch ein ziemlich feiner Trunk gewachsen, aber sonst niemals. Die sieben Jahre von 1650 bis 1656 bilden keinen Maßstab; denn nirgendwo ist verzeichnet, daß der Wein in einem Planeten-Zyklus fünfmal gerät, wie es in dem genannten Septennium geschehen ist. Wenn es alle sieben Jahre zweimal einen guten Wein gibt, wollen wir damit zufrieden sein.

Im Herbst soll man zeitig lesen, denn es ist kein gutes Wetter zu erhoffen. Die Weinberge sind zeitig zu decken, Mitte Oktober ist die Zeit dafür vorbei. Wer bis zum Dezember warten will, wo das Wetter wieder milder wird, mag die Gefahr auf sich nehmen.

Wind, Regen und Gewitter

Im Winter gibt es starke Winde und ungewöhnlich viel kräftige Wolkenbrüche. Im Frühling und im Sommer treten nur wenige Gewitter auf, die meist keine größeren Schäden anrichten.

Bauernregeln

Wenn's im Mai viel regnet,
ist das Jahr gesegnet.

Menschensinn und Juniwind
ändern sich sehr oft geschwind.

Im Winter darf man nicht um Regen bitten –
im Sommer ist er wohlgelitten.

Wie auch das Wetter sich gestaltet –
beim Jahresschluß die Hände faltet!

Ungeziefer

Im Mond-Jahr gibt es nicht viele Frösche, Kröten, Schlangen und Heuschrecken, aber ungewöhnlich viele Schmetterlinge, Raben (schwarze Schnecken), Getreidewürmer und auch Mäuse, die vom Sommer bis in den Winter dem Getreide großen Schaden zufügen.

Fische

In den Flüssen gibt es übergenug Fische, auch eine große Menge Lachsforellen.

Krankheiten

Im Herbst grassieren hitzige und tödliche Fieber und das ganze Jahr hindurch Fallsucht, Krämpfe, Gicht, Grimmen, Katarrh, Ausfluß bei Frauen, Milzsucht, Wassersucht und andere Erkrankungen, die auf Verstopfung der Adern zurückgehen. Besonders häufig sind Rotlauf, Seitenstechen und schmerzhaftes Reißen in den Lenden.

In diesem Winter sterben viele Schafe und Bienen.